U0261751

深入浅出
全链路压测

Understand Full-Link Stress Test

吴骏龙◎著

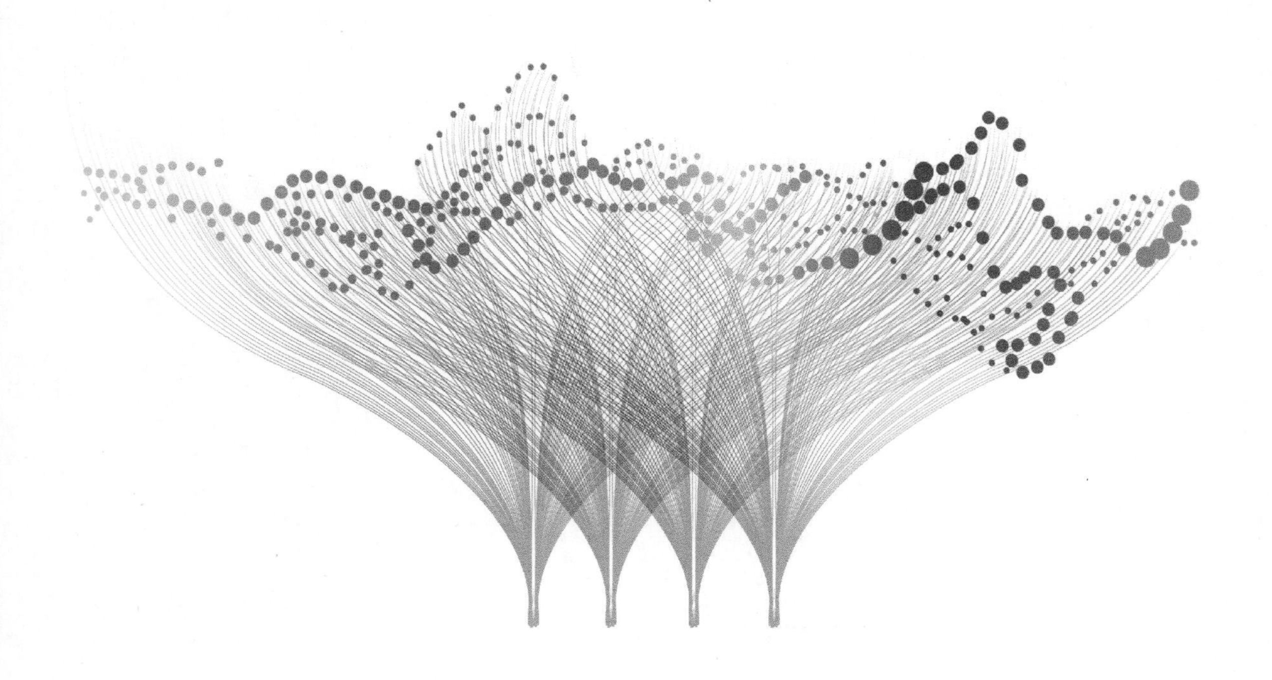

人民邮电出版社
北京

图书在版编目（CIP）数据

深入浅出全链路压测 / 吴骏龙著. -- 北京 : 人民邮电出版社, 2024.4
ISBN 978-7-115-62414-7

Ⅰ. ①深… Ⅱ. ①吴… Ⅲ. ①软件－测试 Ⅳ. ①TP311.55

中国国家版本馆CIP数据核字(2023)第142767号

内 容 提 要

全链路压测是互联网服务容量保障工作人员的重要工作，也是横跨多个领域的技术。本书采用“理论联系实际，再从实际回溯到理论”的方式，深入浅出地阐述全链路压测的知识。本书前 4 章聚焦于全链路压测的基础知识，先对全链路压测的基本知识和发展前景等进行深入介绍，再展开讲解全链路压测的技术实现、组织保障和工具建设，其间穿插一些实例代码和图表，帮助读者融会贯通。第 5 章和第 6 章介绍全链路压测的衍生实践，包括微服务架构下的容量治理，以及容量规划与容量预测，将全链路压测的应用价值扩大到更广的领域。第 7 章用 4 个案例讲解全链路压测在不同类型企业的落地实践，涵盖全链路压测在容量保障和混沌工程领域的应用。第 8 章从技术、管理和职业发展这 3 个方面，以问答形式阐述多个全链路压测问题，为读者带来更多的思考。

本书内容既包括全链路压测的理论知识，又包括丰富的实践案例，适合架构师、研发人员、性能测试人员、运维人员、网站可靠性工程师、团队管理者、项目经理等阅读。

◆ 著　　　　吴骏龙
　责任编辑　张　涛
　责任印制　王　郁　焦志炜
◆ 人民邮电出版社出版发行　　北京市丰台区成寿寺路 11 号
　邮编　100164　　电子邮件　315@ptpress.com.cn
　网址　https://www.ptpress.com.cn
　北京九州迅驰传媒文化有限公司印刷
◆ 开本：800×1000　1/16
　印张：13.75　　　　2024 年 4 月第 1 版
　字数：306 千字　　　2025 年 4 月北京第 2 次印刷

定价：89.80 元

读者服务热线：(010)81055410　印装质量热线：(010)81055316
反盗版热线：(010)81055315

前言

为什么写这本书

优秀的互联网软件产品，不仅要具备良好的质量，还应具备充足的“容量”。然而，在很长一段时间内，行业对容量保障的关注度都不及质量保障，毕竟，我们更习惯用“缺陷（bug）少”而不是“性能好”来评价一款软件产品的优劣。但现实情况是，容量问题的负面影响丝毫不亚于质量问题。某大型订票网站在上线初期多次出现系统崩溃，某年春晚某“头部”企业的“摇一摇”红包活动短暂宕机等，都是容量方面出现问题的例子。

令人欣喜的是，自2013年阿里巴巴公开全链路压测的细节以来，各互联网企业对容量保障的关注度逐渐提升，甚至诞生了不少致力于容量保障的创业公司。全链路压测作为容量保障工作中最引人注目的一项实践，也从最初只有少数大公司才有能力建设的“皇冠上的明珠”式的项目，逐渐“走入寻常百姓家”。

我在2017年年初加入“饿了么”（后成为阿里巴巴本地生活）从事全链路压测的自动化和规范化工作，2020年我又在一家创业公司从0到1搭建了全链路压测的完整体系，另外我还在多家企业和多个行业峰会上进行过大量关于全链路压测及其衍生实践的分享。我能够深刻感受到，越来越多的企业开始认识到全链路压测的价值，也愿意投入资金去建设全链路压测。但是，全链路压测究竟该怎么做、需要哪些人去做，企业对此依然有着非常普遍的困惑。

作为一名一直从事全链路压测的实践者，我一直在思考，如何将全链路压测的各项工作系统地总结出来，既能让缺乏实践背景的从业人员快速掌握全链路压测的方法，又能为已经从事全链路压测工作的专业人士带来进一步的启发。使全链路压测真正“平民化”、实用化，是我编写这本书的最大初衷。本书采用“理论联系实际，再从实际回溯到理论”的讲解方式，将理论知识和实践案例串联起来，深入浅出地阐述全链路压测的知识。我希望达到的效果是，读者在阅读本书的过程中能时刻结合实际工作场景进行思考。

全链路压测并不难，希望本书能够帮到你。

本书与专栏的区别

2021 年 5 月，我在极客时间平台上撰写的技术专栏“容量保障核心技术与实战”正式上线，这个专栏从互联网服务容量保障的视角切入，从基础到进阶再到实战，全面讲解容量保障的各项实践细节。

本书的部分内容源自该专栏，并将专栏中的口语化表达转换为正式的书面文字表达，同时采用全新的角度，以全链路压测为主线，包含容量保障的各项工作。本书整体内容较专栏增加了一倍有余，我期望能够为读者带来不一样的学习体会。

如何阅读本书

本书的编写思路是，先聚焦于剖析全链路压测的基础知识，再详细讲解全链路压测的衍生内容，并通过一系列的案例串联全链路压测要点，最后通过问答的形式查漏补缺。

建议读者按顺序阅读本书，如果你已经熟悉了某些章的内容，那么任意阅读其他章也不会有什么困扰，因为本书每章都是独立的。同时，为了体现本书的特色，我在每章的开头都总结了一个“金句”，读者可以“金句”为起点，在章节中寻找“金句”对应的内容。我相信，读者带着兴趣阅读，能提高学习效果。

本书主要内容

第 1 章　认识全链路压测。本章对全链路压测的诞生背景、概念和特点等进行介绍。

第 2 章　全链路压测的技术实现。本章详细介绍全链路压测的技术实现知识，涵盖压测数据隔离、中间件改造和应用服务改造、压测模型构建、压测流量构造、容量指标监控等内容，并对一些流行的技术进行重点剖析。本章还介绍全链路压测的实施流程。

第 3 章　全链路压测的组织保障。本章讨论全链路压测的组织建设形式，并解读一些组织运营的最佳实践，同时，针对中小型公司，本章也给出一些实践建议。

第 4 章　全链路压测的工具建设。本章主要探讨全链路压测的工具建设，对常见的开源工具进行介绍，并提供分布式压测平台和全链路压测管理平台的详细实现方案。

第 5 章　微服务架构下的容量治理。本章系统性地介绍微服务架构下容量治理的手段，包括扩容、限流、降级、熔断、容灾这 5 个常用手段，并讲解容量指标分析和预案建设的相关内容。

第 6 章　容量规划与容量预测。本章全面介绍容量规划的本质和系统化方法、容量预测的智能化方法，以及排队论的概念和应用场景等。这些方法与全链路压测结合起来，能够更好地保障互联网服务的容量安全。

第 7 章　全链路压测实战案例。本章讲解 4 个实战案例，涵盖全链路压测在不同类型企业的落地实践，也涵盖全链路压测在容量保障和混沌工程领域的应用。通过这些案例，我希望帮助更多企业实现全链路压测的落地。

第 8 章　全链路压测快问快答。本章从技术、管理和职业发展这 3 个方面，以问答形式阐述多个全链路压测的精华知识。这些问答不仅给出非常具体的实践指导，也总结出一些解决问题的方法，能为读者带来更多的思考与感悟。

致谢

在从事全链路压测工作中，我得到过很多人的帮助，感谢我的启蒙老师郑卓君，她为我打开了全链路压测的大门，我的很多实践成果都建立在她卓有成效的工作之上；感谢我的老领导兰建刚，在工作中他给予了我非常大的自主权，让我能够带领一支庞大的团队不断探索前沿技术；我还要感谢所有在我的极客时间专栏上提出宝贵建议的读者，读者提出的很多建议都转化成了本书的精华；最后，我要感谢我的家人对我在编写本书期间的包容和支持，整个写作过程占用了我不少陪伴家人的时间，但他们没有任何怨言。

由于编者水平有限，书中难免存在疏漏之处，恳请广大读者批评指正。

本书编辑联系邮箱：zhangtao@ptpress.com.cn。

吴骏龙

目 录

第 1 章　认识全链路压测

对未来可能产生的流量峰值而言，任何预防性的容量保障手段，都不如把实际峰值场景模拟出来“看一看”更有效。

全链路压测是一种先进的容量保障技术，自诞生之日起就备受质量保障人员的关注，经常被冠以诸如“容量保障的珠穆朗玛峰”“大促活动备战的重要武器”“大促活动前的模拟考试”等称号，但事实上它并不是什么神秘的技术，它就在你我身边。

举一个例子，相信绝大多数读者都参与过“双 11”大促活动，阿里巴巴的公开资料显示，2020 年“双 11”期间，网店的订单创建峰值达到了 58.3 万笔 / 秒，这是一个非常大的数字。我们要在如此巨大的流量峰值下保证系统的稳定运行，全链路压测是不可或缺的技术保障手段之一。换言之，我们每个人都在享受着全链路压测带来的成果。对于 IT（Information Technology，信息技术）从业者来说，全链路压测也逐渐成为应知必会的知识点之一。

1.1 全链路压测概述

全链路压测是容量保障的一个重要环节。本节，我们将介绍互联网服务容量保障的一些基础知识，并由此展开讲解全链路压测的概念、价值和特点等。

1.1.1 互联网服务的容量保障

提及容量保障，人们很容易联想到质量保障，两者同为互联网服务的技术保障手段，既有联系又有区别。

- 质量保障：指的是保障系统服务功能正常，系统按照开发人员设计的功能运行。例如，用户可以通过订单系统正常下单并结算，系统显示的订单信息和金额正确。
- 容量保障：指的是保障系统服务在大量用户访问时依然可以正常工作。例如，在“双11”期间，在大量用户访问的情况下，用户仍可以流畅地在网店上浏览和购买商品。

容量是我们生活中很常见的概念，我们喝水的杯子有容量，我们每天上班乘坐的地铁也有容量。广义的容量可以定义为：容器能够容纳物质的量。杯子是容器，水是物质，杯子能够容纳多少水就是容量。

从互联网技术视角出发，我们可以将软件系统或服务视为容器，将访问量或业务量视为物质，得到互联网软件系统容量的概念，即“单位时间内软件系统能够承载的最大业务量”，如图1.1所示。而容量保障，就是用各种方法保障软件系统的容量充足，尽力排除容量隐患。

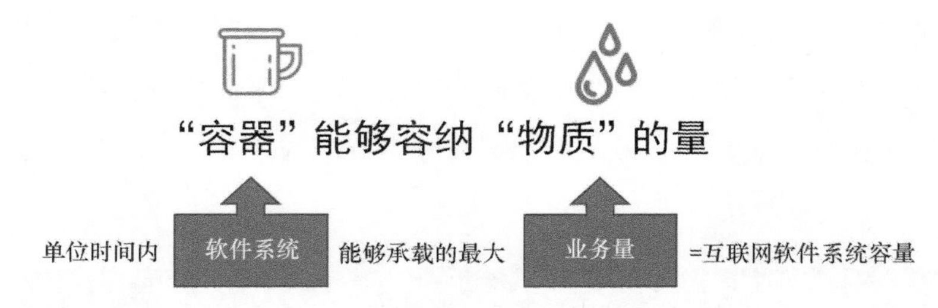

图1.1 互联网软件系统容量的概念示意

容量保障对于软件系统的稳定运行至关重要，如果一辆货车核载80kg，而我们给货车装载了100kg的货物，后果可想而知。互联网企业也曾发生过不少因容量问题引发的系统运行事故，例如，某年春晚某“头部”电商的“摇一摇”红包活动短暂宕机，某微博出现热门事件时的频繁宕机，这些系统的宕机事故都对用户造成了巨大影响。

在笔者的职业生涯中，我能够非常深刻地感受到，容量保障对于一家互联网公司的重要性和必要性，因为我时刻都在面对以下这些问题。

- 我负责的软件系统目前运行得很好，但是公司业务增长迅猛，如果用户的访问量增加两倍，系统还能支撑吗？
- 如果系统无法支撑两倍的访问量，系统中哪些服务会首先成为瓶颈？
- 如果对这些系统服务采取扩容措施，需要扩容多少？
- 在大规模促销活动场景下，如何识别和预防系统的容量风险？

与此同时，随着互联网应用复杂度和系统架构复杂度的不断提升，容量保障的难度逐渐增大，解决上述问题的成本也越来越高。我们迫切希望能有一项技术帮助我们解决根本问题。幸运的是，经过技术人员的不懈努力，全链路压测技术诞生了。

1.1.2 全链路压测的概念

全链路压测背后的理念非常朴素：对未来可能产生的流量峰值而言，任何预防性的容量保障手段，都不如把实际峰值场景模拟出来"看一看"更有效。这就好比建造一座大坝，我们预计用它能抵挡千年一遇的洪水，但是否能达到这个目标，还需要让大坝经历多次洪水考验才能证明。全链路压测就是通过模拟这场"千年一遇的洪水"，来验证系统服务是否能承载预估的峰值流量。

全链路压测就是基于实际的生产业务场景和系统环境，模拟海量的用户请求和数据流量，对整个系统业务链进行容量测试，并持续对系统进行调优的过程。

值得注意的是，全链路压测的实施并不是依靠单一技术完成的，它是一项综合性技术工程，涵盖技术、管理、人员保障等多个方面，同时需要多个角色参与其中，包括但不限于业务方、测试人员、运维人员、研发人员、DBA（Database Administrator，数据库管理员）、SRE 等。由此可见，全链路压测的涉及面较广，它的成功实施需要多方通力协作。

1.1.3 全链路压测的价值

全链路压测是一个通过技术手段助力业务发展的工程，它的价值体现在很多方面，如图 1.2 所示。

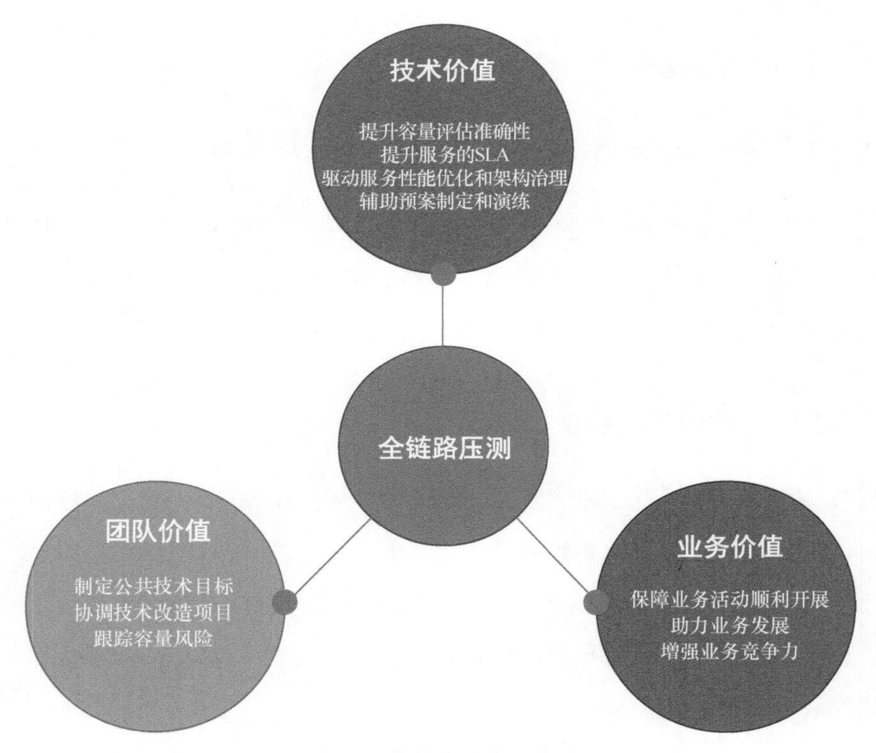

图 1.2 全链路压测的价值

首先，全链路压测在技术上的价值是不言而喻的。通过全链路压测，我们不但能提升容量评估准确性、提升服务的 SLA（Service Level Agreement，服务等级协议）、驱动服务性能优化和架构治理，还能借助它进行预案制定和演练等工作。

其次，全链路压测非常适合作为驱动容量保障建设乃至稳定性建设的桥梁和支点，我们通过它制定公共技术目标、协调技术改造项目、跟踪容量风险等，将企业的不同团队凝聚在一起，让系统达到最优的运行效果。

最后，全链路压测能够保障系统服务的容量安全和稳定运行，也就保障了公司业务活动的顺利开展，达到助力业务发展的效果，间接增强了企业的业务竞争力。如果一家企业举办的线上大促活动经常出现系统崩溃的问题，很难想象该企业的业务能获得用户的认可。

1.1.4 全链路压测的特点

软件系统复杂度的日益提升和业务场景的多样化是全链路压测的诞生背景，因此，全链路压测具有鲜明的特点。我总结了以下 6 个全链路压测的特点。

第一，虽然全链路压测名称中有“压测”两字，但它本质上是一种容量测试技术或手段。压测和容量测试的区别在于，压测的目的是要找到系统服务性能的瓶颈，而容量测试则是根据预先制定的容量目标，通过对系统服务施压来观察和验证系统服务能否承载这一压力。从这个层面讲，全链路压测应当被视为一种验证手段，而非测试手段。换言之，我们应该先设计和建造出满足容量要求的系统服务，再通过全链路压测去验证它，而不是通过全链路压测去反复探测系统服务的容量瓶颈，然后不停地优化系统服务或扩容。

第二，全链路压测需要在生产环境中实施，这是为了尽可能避免环境差异对压测结果造成影响，环境差异包括资源配置、中间件部署方式、网络部署方式等。除非我们能够在线下搭建一套与生产环境完全相同的测试环境，否则无法保证全链路压测结果的可信度。

第三，全链路压测是主动发现服务容量隐患（风险）的手段，它通过模拟系统处于高负载状态的真实场景，提前暴露系统服务的容量风险，验证系统服务是否能够承载预期的峰值流量。这样，在真实流量峰值到来时，我们才能做到胸有成竹。

第四，全链路压测的业务涉及面广，“全链路”这 3 个字意味着我们至少要将核心业务流程所涉及的链路都纳入压测范围。在一些业务规模较大和系统复杂度较高的企业中，全链路压测甚至会涵盖成百上千个微服务。

第五，全链路压测的技术实现复杂，需要对基础设施和系统的业务进行改造，这意味着全链路压测经常作为企业的重点项目进行推动，且需要较长的实现周期，不可操之过急。全链路压测能否成功落地，很大程度上取决于企业是否具有过硬的组织管理能力和对应的技术架构。

第六，全链路压测对相关人员的技术素养要求较高，这些人员不仅要对服务系统的调用链路了解透彻，还要具备一定的性能分析和调优能力，这非常考验人员的技术功底。也正因为如此，全链路压测往往是多个团队合作使用的技术。

当然，随着技术的不断革新，以及优秀实践的迸发，上述这些特点也是会改变的。我们应当持续关注前沿技术，以动态的眼光审视全链路压测。

1.2 全链路压测的演进之路

全链路压测的理念最早是由阿里巴巴提出的，它的效果在“双 11”大促活动的容量保障工作中得到了充分的验证，自从 2013 年全面推行全链路压测以来，“双 11”大促活动期间，电商系统的稳定性有了明显提升。不过，“罗马不是一日建成的”，全链路压测也是经历了多次探索和变革才发展到目前阶段的。让我们一起回顾过去，看一看全链路压测的演进之路，这些“历史”有助于我们更好地理解全链路压测。

1.2.1 基线容量测试

全链路压测需要在生产环境中实施，才能避免环境差异造成的压测结果失真。但在生产环境中进行压测也会带来额外风险，因此，在实施全链路压测时，我们需要对系统进行数据隔离，并辅以各种技术改造工作和监控工作。在不具备这些能力之前，有一种方法可以让我们在测试环境中以较低的成本先“定性”地识别出系统可能存在的容量隐患，这种方法称为基线容量测试。

基线容量测试的具体做法是，按照与生产环境相同的部署方式搭建一套测试环境（以下简称基线环境），其中涵盖必需的中间件和网络设施，资源规模可以按生产环境的规模等比例减少。之后，将各服务的主干版本部署到基线环境上，通过压测的方式获取系统的容量指标并记录备案，这些指标称为“基线指标”。

首先，我们假定基线指标是符合系统的容量要求的，当系统服务准备发布新版本时，我们就可以在基线环境上部署这个新版本，以相同的标准进行压测。然后，将结果指标与基线指标进行对比，如果某些关键指标出现大幅异动，如响应时间大幅增加、CPU 利用率大幅增加等，就需要技术人员介入以排查系统的风险。

基线容量测试可以在一定程度上提前发现系统潜在的容量隐患，但是由于基线环境与生产环境不完全对等，因此，我们既无法对服务容量进行定量评估，也无法为限流设置、超时设置等容量治理工作提供参考。

1.2.2 集群缩放压测

要更真实地评估系统服务的容量情况，我们还是要在生产环境上做压测。集群缩放压测是一种在生产环境中进行系统服务容量评估的早期实践，它的做法是逐步缩减集群内的服务器数量或实例数量，使得单台服务器或单个实例所承载的流量不断增加，从而评估出集群可承载的最大流量，并以此推算出单位流量增长所需扩容的服务器数量或实例数量。

集群缩放压测的优势是很明显的，它基于系统的线上真实流量，我们不需要编写任何压测脚本，也不需要准备任何压测数据，压测过程中也不会产生脏数据。但它的劣势同样明显，首先，系统线上操作的风险比较高，一旦集群规模被缩减至瓶颈点，容易引发系统的线上事故；其次，由于集群缩放压测基于系统的线上真实流量，因此对流量规模有一定要求，如果流量太小，当集群缩减到单服务器或单实例后依然没有达到容量瓶颈点，就无法推测容量情况。

集群缩放压测还存在一个“致命伤”，即无法对底层基础设施（如数据库、消息队列等中间件）的容量进行评估。虽然我们缩减了应用服务的集群规模，但这些基础设施的资源规模是不变的，在外部请求量恒定的情况下，依然无法评估它们的容量情况。

1.2.3 流量回放

集群缩放压测只能作为技术人员简单用来摸底系统服务容量的手段，不能满足人们对系统整体容量评估的要求。于是，人们又提出了另一种手段——流量回放，它的做法是先将用户的真实请求记录下来，再将请求的TPS/QPS放大一定倍数后重新执行请求，达到压测的目的。注，TPC（Transaction Per Second，每秒处理的消息数），QPS（Queries Per Second，每秒查询率）。

与集群缩放压测类似，流量回放同样基于用户的真实请求，不需要准备压测脚本和压测数据。我们可以通过调整TPS/QPS倍数来灵活控制压测量，这是流量回放最大的优势。不过，与集群缩放压测不同，流量回放重新执行了一遍请求，我们需要确保请求是“无副作用的”，即不会修改或新增数据，否则会导致数据被污染。因此，流量回放通常只适用于系统部分无状态的“读请求”，无法应用在“写请求”上。

尽管如此，流量回放依然是一种进步很大的实践，在某些“读场景”较多的业务链路压测工作中，它的应用比较广泛。

1.2.4 单链路压测

随着微服务架构的日益盛行，系统中的服务调用关系错综复杂，一个服务可能会被多个服务所依赖，因此，需要以链路的视角来看待服务容量。服务之间的调用链路如图1.3所示。

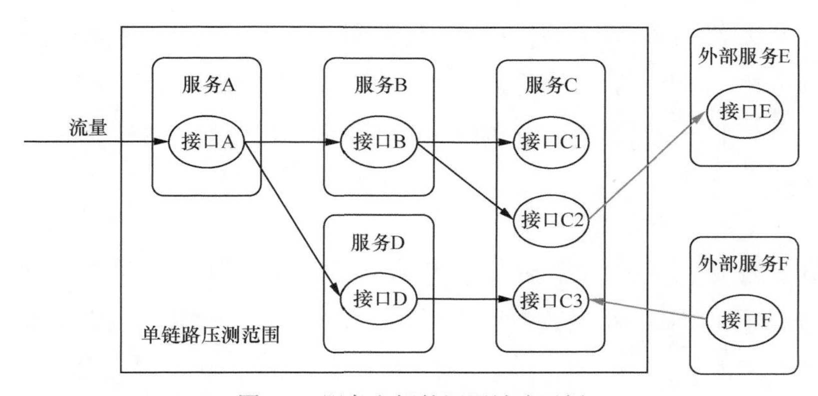

图1.3 服务之间的调用链路示例

单链路压测的做法是根据业务场景和服务调用情况，划分出局部调用链路后，单独对其进行压测。单链路压测是全链路压测的雏形，用此方法时，我们也要对系统中的数据进行隔离和实施技术改造工作，但由于单链路压测在系统中实施的范围较小，一般都能够在少量业务域内闭环完成，因此单链路压测更容易实施和落地。

不过单链路压测仍然无法评估系统整体的容量情况，这是因为系统整体的容量不是由多条“单链路”的容量简单相加而得到的。服务的容量除了受自身影响，还受依赖服务的影响，而依赖服务又可能有其他调用方，甚至是一些外部服务，这些影响经过累积后，最终的影响范围极难判断。而单链路压测由于缺少外部干扰和资源竞争，容易得出“偏优”的压测结果，不能反映系统的真实承载能力。

因此，我们需要从系统全局视角出发，对整体业务链路和多种业务场景实施全链路压测，这样才能最真实地反映系统的容量情况。由此可见，全链路压测正是在人们的不断实践和探索的过程中逐渐演进出来的。图 1.4 对这一过程进行了总结，并展示了与全链路压测演进相关的周边技术。

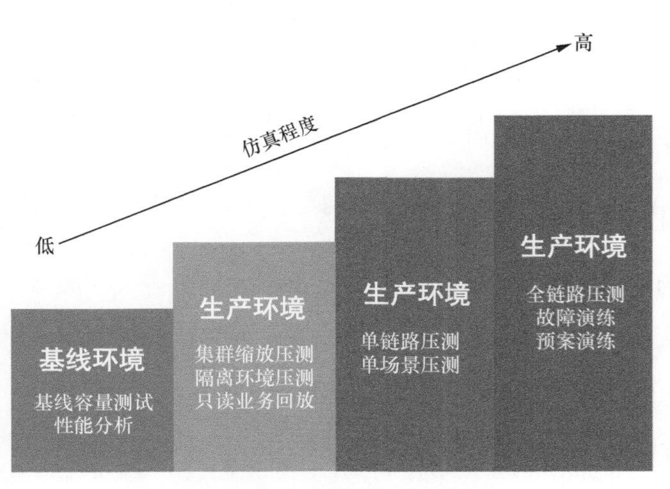

图 1.4 全链路压测的演进过程

1.3 全链路压测的发展前景

全链路压测已经走过了10年的岁月，当前它正处于生命力最旺盛的时候，几乎每年都有新的实践方法迸发出来。笔者摘录了近几年互联网大型峰会上公开的部分与全链路压测相关的议题，由此可见其活跃程度比较高。

- 2017年QCon全球软件开发大会：全链路压测在滴滴的实践。
- 2017年GIAC全球互联网架构大会：饿了么全链路压测实践与体系建设。
- 2018年GOPS全球运维大会：京东全链路压测军演系统。
- 2019年TOP100全球软件案例研究峰会：京东618/“双11”全链路压测的实践之路。
- 2020年QECon全球软件质量&效能大会：百万级流量无人值守全链路压测实践。
- 2021年QECon全球软件质量&效能大会：大规模微服务体系容量保障提效实战。
- 2021年MTSC中国互联网测试开发大会：华为应用市场春晚百万级QPS全链路压测实践。
- 2022年GIAC全球互联网架构大会：网易云音乐全链路压测实践。

通过上述议题，我发现一个有趣的规律，早年人们更多关注如何实施全链路压测，即如何将全链路压测在企业内有效落地，并解决实际问题。而近几年，重点转变成了全链路压测的降本提效，即如何以更低的成本实施全链路压测。

这一改变为我们带来了一些启示，目前，行业对全链路压测已经不再陌生，对它的效果和价值也有了深刻的认识，因此全链路压测已经进入了成熟期。但相应地，全链路压测实施难度大、成本高、投入多的痛点并没有改变，这也制约了全链路压测在更多中小型企业的推广和落地，因此全链路压测的降本提效成了近几年的研究热点及方向。

降本提效的理念贯穿于全链路压测的整个生命周期，包含压测前期、压测中期、压测后期这 3 个阶段：

- 压测前期的主要工作是压测脚本和压测数据的准备，以及压测模型的构建，提效的重点在于如何自动化生成这些内容，减少人力投入；
- 压测中期指的是压测执行阶段，无人值守压测是该阶段目前的研究重点，涉及自适应压测策略、压测风险全自动管控等内容；
- 压测后期的重点是压测结果分析，需要进行“根因”分析，做到自动识别系统服务的容量隐患。

上述这些工作在行业内已经有了一定的实践成果，也是本书的重要组成部分，在后续章节中我们还将进行深入解读。

让我们将视野进一步扩展至互联网技术发展的趋势上，云原生是目前互联网行业最火爆的热点技术之一。那么，在“云原生时代”下，全链路压测又该何去何从呢？

云原生技术的发展确实改变了互联网服务容量保障的底层逻辑。其中，最典型的例子就是弹性伸缩，即根据业务需求和流量情况自动调整计算资源。如果弹性伸缩的速度足够快，我们就无须提前对系统进行容量规划，在流量峰值来临时直接对系统进行实时扩容就可以了。此外，主流的云服务商都支持按需付费，用户只需要为系统服务实际消耗的资源支付费用，所以，弹性伸缩还能为我们节省成本。

弹性伸缩还有一个好处是，它基于 Serverless（无服务器）理念，将服务资源的管理工作下沉到基础设施中，这样，管控粒度更细、更具备实时性，而且业务方不需要关心服务资源的消耗，弹性伸缩能够将服务容量始终维持在安全水平。

用一句话总结，有了云原生技术的加持，系统的容量保障逐渐成为云基础设施能力的一部分，通过弹性伸缩结合一定的容量预测能力，我们能够更快速、更经济地保障服务容量维持在安全水平。这几乎颠覆了传统的容量保障工作，似乎我们不再需要全链路压测来提前评估服务的容量情况了，对于容量风险的容忍度也可以更高了，但真的是这样吗？

事实上，目前以弹性伸缩为代表的云原生容量预测技术并不具备太大的应用能力，这和云原生所宣传的效果还存在很大的距离。究其原因，笔者认为主要有以下几点：

- 容量预测技术尚未发展到非常成熟的阶段，对容量的预估不够精确，它的效果还无法与全链路压测的效果相提并论，自然也就无法支持大规模的自动化弹性伸缩；
- 弹性伸缩的风险较高，特别是缩容操作有引发线上服务异常的可能性，甚至会直接导致事故的发生；
- 扩缩容速度不够快，无法满足快速弹性伸缩的要求，尤其是像网店的“秒杀”活动这样的流量急速上升的场景，更是弹性伸缩的软肋。

在这些问题被彻底解决之前，全链路压测依然是容量保障最重要的“武器”之一，它的地位无可取代。同时，全链路压测也可以与弹性伸缩相结合，通过对全局容量进行评估并将评估结果反馈给基础设施，我们可以保证在较短的时间内提前完成伸缩操作，这同样节省了成本。

综上所述，全链路压测技术正处于高速发展的时期，它与如今主流的技术发展方向几乎都有交集。我们有理由相信，全链路压测将逐渐成为互联网公司的标配技术，其应用前景很广阔。

1.4 本章小结

通过本章讲解的内容，我们逐步揭开了全链路压测的面纱，对全链路压测的诞生背景、概念、价值、特点和演进之路等有了深入的认识。同时，我们还介绍了全链路压测的发展前景，以与时俱进的视角看待全链路压测。主要内容总结如下。

- 互联网软件系统容量指单位时间内软件系统能够承载的最大业务量。
- 对未来可能产生的流量峰值而言，任何预防性的容量保障手段，都不如把实际峰值场景模拟出来“看一看”更有效。
- 全链路压测就是基于实际的生产业务场景和系统环境，模拟海量的用户请求和数据流量，对整个系统业务链进行容量测试，并持续对系统进行调优的过程。
- 全链路压测的实施并不是单一的技术应用，它是一项综合性技术工程。
- 单链路压测无法评估系统整体的容量情况，这是因为系统整体的容量不是由多条“单链路”的容量简单相加而得到的。
- 云原生时代下，全链路压测依然是容量保障最重要的“武器”之一。

第 2 章　全链路压测的技术实现

与所有软件技术一样，全链路压测也不存在拿来即用的“银弹”（放之四海皆准的技术解决方案），但我们可以基于全链路压测的基础实现，打造适合特定组织的“铜制子弹”（定制化方案）。

通过第 1 章的学习，相信读者对全链路压测的特点有了一定的认识，这些特点决定了实现全链路压测技术所面临的重点问题，如图 2.1 所示。

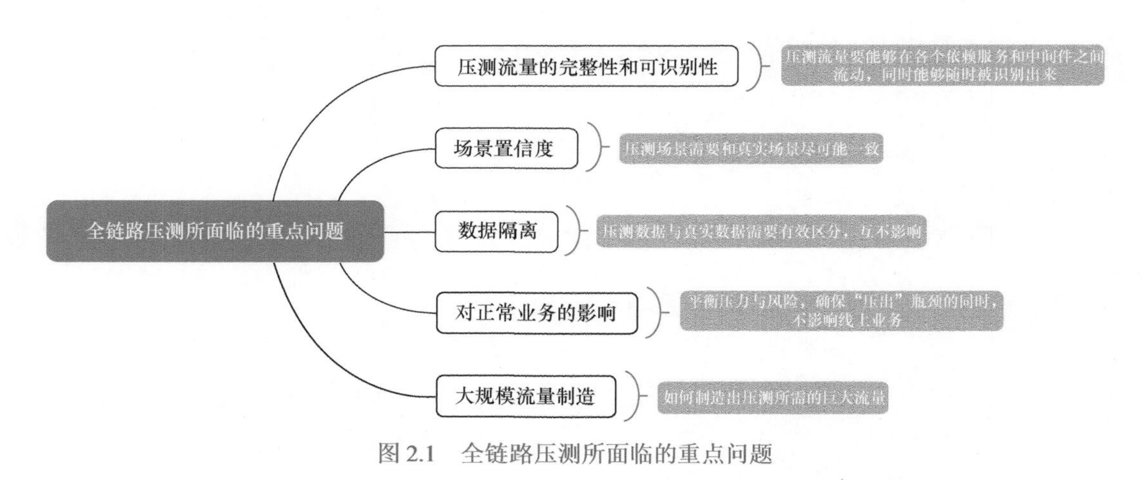

图 2.1　全链路压测所面临的重点问题

可以说，解决了这些重点问题，我们就具备了全链路压测实施的基本条件。我们将全链路压测的技术实现工作分解为 3 项改造工作、两项压测工作，以及一项监控工作。

- 3 项改造工作包括压测数据隔离、中间件改造和应用服务改造，这些改造工作致力于解决压测流量的完整性和可识别性、数据隔离以及减少对正常业务的影响这些重点问题。

- 两项压测工作包括压测模型构建和压测流量构造，对应场景置信度和大规模流量制造这两个重点问题。
- 一项监控工作为压测期间的容量指标监控，它同样是全链路压测不可或缺的工作。

下面，我们就从这些工作出发，详细讲解全链路压测的技术实现。

2.1 压测数据隔离

为了避免环境不对等所造成的压测结果失真，全链路压测需要在生产环境中进行，这就涉及数据隔离，压测数据需要与真实数据有所区分，确保不影响真实用户的体验。因此，压测数据隔离是全链路压测建设过程中不可或缺的工作。

常见的压测数据隔离方法有两种，分别是逻辑隔离和物理隔离。下面我们对这两者的技术实现进行详细介绍。

2.1.1 逻辑隔离

逻辑隔离是通过在数据实体中置入压测特征来区分真实数据和压测数据的。压测特征可以表示为以下形式：

- 数据实体中的某个特定字段；
- 数据的特殊 ID（如 ID 中带有特定的前缀或后缀）；
- 数据的特殊内容（如含有“压测”字段的数据）。

举一个例子，如下面代码所示，针对用户这个数据实体，我们可以设置一个 UserType

(用户类型）字段，其中，枚举值为0代表普通用户，枚举值为1代表压测用户。应用服务可以根据这个字段来识别压测用户，决定是否执行相应的隔离工作。

```
enum UserType {
    NORMAL = 0, // 普通用户
    PERF = 1, // 压测用户
}
```

逻辑隔离实现简单、容易理解，无须改造中间件，但是它对业务代码的“侵入性”比较强，而且需要变更数据结构或数据内容。当然，它最大的风险在于压测数据和真实数据是写入同一张数据表的，一旦我们遗漏了某些压测数据的逻辑隔离，就会导致极大的数据污染风险，修复数据也比较麻烦。

2.1.2 物理隔离

物理隔离是将所有压测数据写入独立的数据区域的方法，这一数据区域与真实的数据库（或表）在物理上完全隔离，从而最大限度规避了数据污染风险，清理数据也比较方便。

要做到物理隔离，软件系统需要具备两项基础能力：压测流量打标与透传，以及影子库/表的支持。

压测流量打标与透传不同于逻辑隔离中的数据实体内打标，我们现在需要在流量中打标，以区分真实请求和压测请求。压测流量打标与透传具体的做法如图2.2所示，在用户访问请求的HTTP头中置入一个特殊的压测标识，当流量进入内网并在各服务和中间件之间传递时，我们需要确保这一标识始终能够完整透传，最终抵达数据层，数据层根据流量类型将数据写入隔离区域（如影子表）或正常区域（如真实表）。在图2.2中，我们可以看到压测流量的传递路径（红色路径），因此压测流量打标与透传又称为“流量染色”。

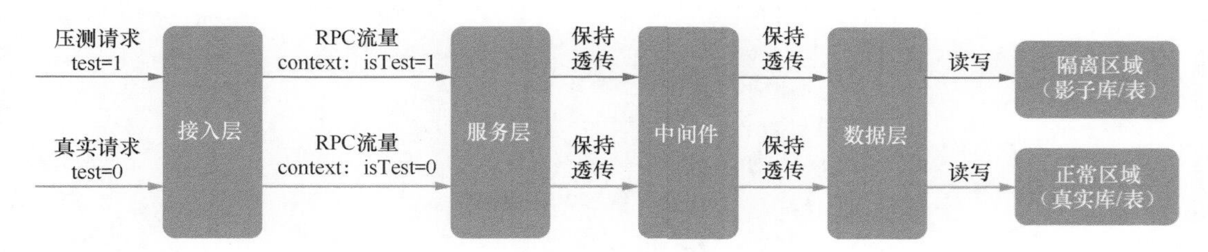

图 2.2 压测流量打标与透传

在这一过程中有两点要格外注意。首先，在请求跨线程传递和请求协议转换的时候我们也要保证压测标识能够透传，即使压测标识的存放位置发生了改变，例如，HTTP 流量进入内网后转换成 RPC（Remote Procedure Call）流量，此时需要将 HTTP 头中的压测标识转移至 RPC 请求的上下文中，避免丢失。其次，当请求经过异步化中间件（如消息队列）时，压测标识也应当传递无误，例如，针对消息队列，当带有压测标识的生产者推送消息时，我们需要将压测标识转存至数据中，以免丢失，当异步服务消费消息时，再将该标识恢复至消费者的请求体或上下文中继续传递。

上述工作涉及不少技术“改造”点，其中涉及中间件的改造工作将在 2.2 节中讲解，这里我们先来了解一下跨线程压测标识透传的技术实现方案，我们以阿里巴巴开源的 TransmittableThreadLocal 为例介绍基于 Java 语言的实现过程。

我们知道，Java 语言提供的 ThreadLocal 对象可以存储当前线程的共享变量，但它无法应对跨线程的情况，此时 TransmittableThreadLocal 就有了用武之地。在 TransmittableThreadLocal 中设有一个 Holder 来保存每个线程所持有的所有 ThreadLocal 对象，并在线程提交的时候进行上下文的复制，这样就能够保证变量在各线程间正确地传递。

我们通过以下代码进一步展示 TransmittableThreadLocal 的能力。这段代码很简单，首先创建一个 TransmittableThreadLocal 对象，然后在父线程中设置一个名为 perftest 的变量作为压测标识，在子线程中尝试获取这个变量。

```
public class ThreadTest {
    private static ThreadLocal<String> TTL = new TransmittableThreadLocal<>();
    public static void main(String[] args) throws InterruptedException {
```

```
                new Thread(() -> {
                        // 在父线程中设置标识
                        TTL.set("perftest");
                        new Thread(() -> {
                                // 在子线程中输出标识
                                System.out.println(TTL.get());
                        }).start();
                }).start();
        }
}
```

如图 2.3 所示，我们成功在子线程中得到了这一变量，实现了压测标识透传的效果。

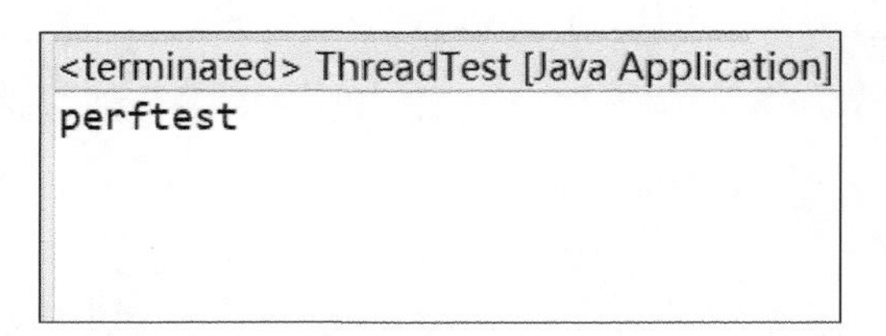

图 2.3　压测标识由父线程透传至子线程

具备了压测流量打标与透传的能力后，我们再来探讨影子库 / 表的支持，这部分内容比较多而且相对独立，我们专门用 2.1.3 节进行讲述。

2.1.3　影子库与影子表

影子库与影子表的建设思路是类似的，两者都是将压测数据转存至一个独立的数据区域，与真实数据隔离开，只不过影子库是基于数据库维度建立这个数据区域的，而影子表则是基于数据表维度建立这个数据区域的。然而，虽然建设思路类似，但是两者的技术实现方案还是有所差异的，影子库的实现更容易理解，改造成本可控，但需要花费双倍的数据库资源（哪怕是只读表也需要冗余资源）；影子表的实现相对复杂，需要中间件支持，但冗余成本低（即冗余的资源少）。

我们先来看影子库的技术实现步骤，如下所示。

（1）创建一个新的数据库作为影子库，影子库的名称没有特别的要求，但推荐在原数据库名中增加前缀或后缀作为影子库的名称，以便统一管理。例如，原数据库名为Foo，影子库可以命名为SFoo。影子库建立完成后，我们会得到一个新的数据源。

（2）在影子库中建立与真实表结构完全一致的数据表，并将真实表的数据脱敏或偏移后全部写入新的数据表，保证两者数据规模一致。

（3）根据压测标识实现数据源的动态切换，确保压测请求触发的数据操作都能命中影子库。

其中，第（3）步的实现比较关键，我们希望压测尽可能减少对业务代码的侵入性。一种常见的第（3）步的实现方法是将数据源切换的功能集成到一个 SDK 中，业务代码使用这个 SDK 连接数据源，达到动态获取数据源的目的，这样改动的业务代码量非常少。还有一种更先进的实现方法是通过字节码增强技术，在代码运行时改变连接的数据源，从而达到根据压测标识动态切换数据写入区域的目的，这样几乎不需要改动业务代码，当然，这种方法实现难度更大一些。

安全起见，影子库一般需要在独立的实例上搭建。部分企业在实践中会将影子库与真实库建立在同一个实例上以节省成本，但这样做会带来一定的风险，一旦影子库的流量压力过高，可能会影响真实库的性能，因此需要对相关指标进行严密的监控。

我们再来看一下影子表。通俗地说，影子表就是一张与真实表结构一致的新数据表，我们需要确保两者存储的数据规模是一致的，否则会影响压测结果的可信度。

如图 2.4 所示，影子表的建立过程可以参照以下步骤：

- 针对某张真实表建立相应的影子表，两者的表名可以通过在影子表的表名上增加前缀或后缀区分，例如，原表名为User，影子表名可以设为TUser；
- 将真实表的数据进行脱敏，部分 ID 类字段需要进行偏移，以免字段增长后与真实表的字段冲突，例如，真实表中的订单号均以 1 开头，那么影子表中的订单号可以偏移为以 9 开头；

- 将脱敏和偏移后的数据导入影子表；
- 进行完整性检查（如数据量、表结构等内容），确保数据无误。

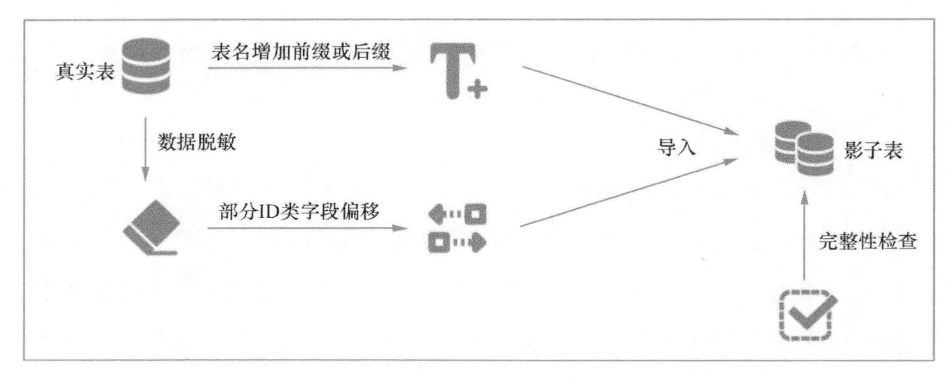

图 2.4　影子表的建立过程

影子表建立过程中的各环节，需要在数据库中间件或独立平台中实现并串联。此外，根据压测标识将数据操作路由至相应影子表，也需要改造数据库中间件或在 ORM 框架中定制路由逻辑，可见影子表所需的改造工作量较大。我们通过表 2.1 看一看影子库和影子表的对比情况。

表 2.1　影子库和影子表的对比情况

对比项	影子库	影子表
改造工作量	一般，需要支持切换数据源	较大，需要改造数据库中间件，或在 ORM 框架中定制路由逻辑
隔离维度	数据库隔离，隔离更彻底	数据表隔离，共享同一数据库实例
资源成本	高，需要双倍的数据库资源	一般，只有影子表会占用额外资源
业务侵入性	低，业务代码的改动量很小	低，业务代码无须感知影子表
安全性	高，数据库完全隔离，不会影响生产数据库	一般，若影子表的压力过大，依然可能对生产数据库造成影响

对于影子库和影子表的选型，笔者给出的建议是：如果数据库中只读表的数量明显高

于需要执行写操作的表的数量，可以选择影子表的技术实现方案，可节省成本；反之，选择影子库的技术实现方案，可降低配置和改造成本。

最后，还要提醒一点，我们无论是采用影子库还是影子表的技术实现方案，在数据准备完毕后，都需要使用小流量执行一次全链路压测，这样一方面可以检查数据的正确性，另一方面也可以作为一种预热操作。影子表中的数据都是“冷”数据，它们不像真实表中的数据一样会被加载到缓冲池里以提升访问和操作的性能，如果不执行预热操作，很容易得出“偏劣”的性能结论。

2.1.4 逻辑隔离与物理隔离的对比

我们将逻辑隔离和物理隔离这两种隔离方法进行对比，如表 2.2 所示。如果企业的基础设施比较完备，技术栈统一，也有固定的中间件团队支持改造工作，那么可以使用影子库或影子表进行数据的物理隔离；如果技术体系不完整，或大量使用开源框架导致二次开发成本高，那么可以采用逻辑隔离的方法。

表 2.2 逻辑隔离和物理隔离对比情况

对比项	逻辑隔离	物理隔离
中间件改造量	小，几乎不需要改造	大，需要保证压测标识透传，并支持影子库 / 表
业务侵入性	高，需要修改数据表结构	低，无须修改数据实体
数据清洗难度	大，需要根据每个数据实体的压测标识单独制定清洗规则	小，压测数据均位于隔离区域
可扩展性	低，新数据实体需要设计新的压测标识	高，压测标识为统一形式，且与数据无关
安全性	低，压测数据与真实数据位于同一张数据表内，一旦隔离逻辑存在 bug，将影响用户	高，压测数据与真实数据分开存储，风险较小

2.2 中间件改造和应用服务改造

为了满足全链路压测的实施要求，我们需要对中间件和应用服务进行一定的改造，改造面取决于企业所使用的中间件类型，以及应用服务的特点。本节，我们将对流行的中间件改造方案和应用服务改造方案进行讲解，并总结一些具有普适性的改造思路，以便读者应用到更多中间件和应用服务的改造工作中。

2.2.1 中间件改造

在2.1节中我们已经提到，在压测标识透传以及数据的物理隔离等工作中，都需要对中间件进行改造，比较典型的有数据库中间件对影子表的支持、消息队列对压测标识传递的支持等。

数据库中间件对影子表的支持是基于压测标识实现的，数据库中间件接收到某个带有压测标识的请求且需要操作数据时，应将这个请求的目的地重定向到影子表上。其中，影子表的信息及其与真实表的映射关系，可以在统一的配置中心中进行管理，供数据库中间件调用。

当然，如果企业没有数据库中间件，那么直接在ORM框架中定制路由逻辑也是常见的做法。例如，我们可以通过MyBatis的Interceptor拦截器，在SQL语句执行前对路由进行动态修改，达到相同的目的。

再来看消息队列对压测标识传递的支持，其主要目标是保证在生产和消费数据时，压测标识不能丢失。想象一下，如果我们不做任何改造，压测请求作为生产者将数据写入消息队列后，这个生产者的使命就完成了，当消费者去消息队列中消费这条消息时（相当于另一次请求），我们已经无从知晓这条消息究竟是压测数据还是真实数据，这就破坏了压测流量的可识别性。

因此，消息队列需要进行改造。如图2.5所示，当接收到带有压测标识的生产者推送消息时，需要将压测标识转存至数据体中，以免压测标识丢失；当异步服务消费数据时，将该压测标识恢复至请求体或上下文中继续传递。

图 2.5 消息队列对压测标识传递的支持

读者可能会有疑问，虽然我们做到了异步消息的压测标识传递，但是这些压测消息和真实消息都是写入相同队列的，这是一种逻辑隔离方法，那么它是不是和我们之前谈到的数据的逻辑隔离方法一样，会有数据污染（消息污染）的风险呢？

答案是肯定的，但这样的风险是可以容忍的。其原因在于，消息队列有别于数据库，通常被视为“不可靠”的中间件，所有的消息都存在丢失的可能性（尽管可能性很小）。在应用层面，服务系统需要具备一定的容错能力，支持消息队列中的数据被净化（purge）后依然可以得到补偿。在这种情况下，即便出现了消息污染，我们也能通过净化消息迅速止损。

下面，我们以流行的开源工具 RabbitMQ 为例，讲解消息队列的具体改造方法。RabbitMQ 是实现了高级消息队列协议（Advanced Message Queuing Protocol，AMQP）的开源消息中间件，其性能出色，应用也非常广泛。图 2.6 展示了 RabbitMQ 支持压测标识传递的实现要点，它的核心原理就是在恰当的时机更新数据的上下文，保证压测标识及时传递到数据体中，在消费者消费数据时能被正确识别出来。

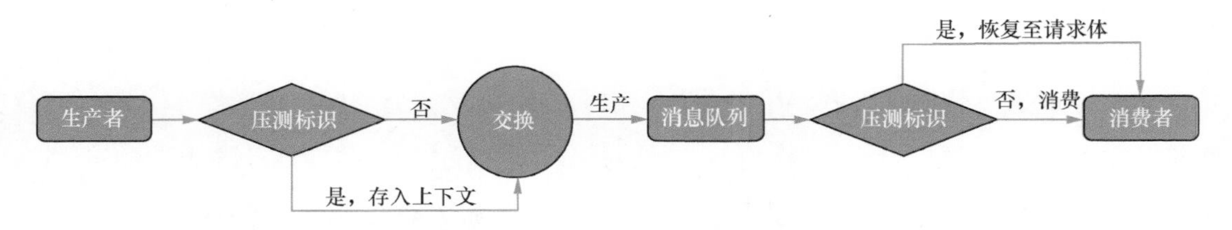

图 2.6 RabbitMQ 支持压测标识传递的实现要点

压测标识传递的实现方式很简单，我们可以将 RabbitMQ 的消息属性（MessageProperties）作为上下文，以存放压测标识，如下代码所示：

```
MessageProperties messageProperties = new MessageProperties(); messageProperties.
setHeader("perftest", true);
```

这段代码通过拦截器把压测标识植入消息发送的环节，也可以在相应的Sender类中增加压测标识，这样就完成了压测标识的传递工作。

还有一个在互联网行业被高频使用的中间件需要进行改造，那就是以Redis为代表的缓存中间件。改造的思路是，在Redis的Key值前加上统一的前缀，在读取缓存和写入缓存时根据压测标识命中相应的Key。这一过程既可以在应用层实现，又可以在缓存中间件中实现，实现的代码量很小，此处不赘述。

通过以上案例分析，想必读者应当有所体会，中间件的改造基本上都与压测数据有关。因此，在评估中间件改造方案时，我们需要对数据格外敏感，涉及数据的地方可能都是潜在的改造点，并不局限于我们讲到的案例。

2.2.2 应用服务改造

在全链路压测的实施过程中，构建压测模型的一大原则是尽可能贴近真实业务场景，然而压测工作的局限性会破坏这一原则。例如，我们在执行压测时，系统的用户数量是有限的，单个用户在网店反复下单会被网店的风控系统拦截；我们也不可能将每笔压测时产生的订单都真正支付完成，这样就无法对支付系统的容量进行评估。要平衡好这些局限性，就需要对应用服务做适当的改造。下面介绍4个常见的应用服务改造点。

第一个改造点是绕开限制。出于业务正常运行考虑或安全考虑，我们经常会对一些业务流程的执行频率进行限制，例如，系统针对短时间内反复下单的用户进行限制。类似这样的情况，针对压测时使用的流量需要放开限制，以便压测请求能够反复执行。

第二个改造点是数据隔离前置。数据隔离前置可以提前拦截一部分压测数据，以减轻下游应用服务针对数据隔离改造的工作量。举一个例子，在大数据报表中经常需要剔除压测数据，如果这些报表的数据源都指向数据仓库，那么我们完全可以在压测数据生成时就进行拦截，不让压测数据进入数据仓库，这样下游所有从数据仓库抽取数据的大数据服务就不需要进行改造了。

第三个改造点是模拟逻辑。对于一些对外交互的服务是不太方便对其发起大量真实请求的，如支付服务和清结算服务等。此时，我们可以通过模拟的方式，使这些服务在识别到压测流量后进入模拟逻辑，也就是模拟一个正常的返回，而不是直接调用真实服务。需要注意的是，为了尽可能贴近真实的请求调用情况，我们不仅需要模拟输入参数和返回值，还需要确保响应时间的真实性，必要时可以增加一些上下浮动的压测延迟时间。

第四个改造点是日志隔离。其目的是方便排查问题，减少干扰项。日志隔离可以在应用服务中实现，直接将日志信息存到独立的日志文件中，或在日志信息中加上特定的前缀等；也可以在中间件中实现，目的是减少对业务代码的侵入性。

2.3 压测模型构建

压测模型构建是全链路压测的一大难点，如何用低成本构建尽可能贴近真实业务场景的压测模型，对压测结果的可信度至关重要。我们先列举一些常见的由于压测模型的问题导致压测结果失真的反例，帮助读者对压测模型的重要性有一个直观的认识：

- 压测数据中的用户 ID 集中在数据表某一区段内，导致压测时流量命中同一个数据表分片，引发单片过热问题；
- 压测数据中的用户账户领取的优惠券数量过少，导致对营销服务的压测结果偏优；若优惠券数量过多，将导致对营销服务的压测结果偏劣；
- 压测数据中的商户数据缺失部分属性，导致部分批量查询接口返回商户数据时，返回体偏小，压测结果偏优；
- 压测数据中的用户数据中超级会员的占比偏小，导致对会员服务的压测结果偏优；

- 压测数据中的商户数据中上架的商品数量过少，导致压测时对单个商品的扣减库存操作过于频繁，继而引发扣减库存锁竞争激烈，影响服务性能。

这些反例的共性是，压测数据的内容或分布与真实情况不一致，引发压测模型（对下游链路的调用量和比例关系、调用的方式等）与真实业务场景不一致，最终导致压测结果的可信度不佳，这是我们需要避免的。

下面，我们介绍几种常见的构建压测模型的方法，这些方法各有其适用范围，灵活应用这些方法能够达到事半功倍的效果。

2.3.1 线上日志回放

线上日志回放是一种将线上日志视为压测模型的方法。由于线上日志的内容是由用户真实行为产生的，因此，它非常贴近真实业务场景。不过，它的缺点也很明显，线上日志直接回放可能会污染数据，也可能会影响用户，甚至还会引发一些安全方面的问题。因此，我们一般只在读请求上应用线上日志回放，且需要对日志做一定的加工。加工方法大致分为以下 3 步。

（1）通过日志系统的 OpenAPI 或其他对接渠道，抓取所需要的请求信息（如请求地址、请求头、请求体等）。我们建议在系统典型业务期（如高峰期）连续抓取一段时间的请求信息，再将这些请求信息统一存放至某存储区域。

（2）对抓取的请求信息进行加工，包括鉴权信息的替换、用户敏感数据的脱敏或偏移、根据压测需求对某些字段进行修改等。

（3）将处理完毕的请求信息重整为可执行的压测脚本。

目前，市面上已有一些开源工具可以整合上述流程，例如 GoReplay 就是一个非常优秀的工具，读者不妨一试。

2.3.2 链路聚合技术

线上日志回放比较适合用于单请求（主要是读请求）的压测模型构建，但针对全链路压测，我们还需要链路级别的压测模型构建方法。传统的做法是依靠人工梳理出压测链路，将链路中的各实体替换为压测实体（如压测用户、压测商户等），再根据实际情况调整链路中各接口的调用关系和调用比例，最终形成压测模型。

在这一过程中，人工梳理压测链路是极易出错的，即便企业有完善的链路追踪工具，我们依然需要人工逐条分析系统所展示的链路信息，如果服务链路纷繁复杂，就很容易遗漏链路信息。链路聚合就是针对这一痛点发展出来的技术，它被认为是一种用户行为分析技术。其技术原理是，通过采集线上用户真实行为所产生的数据，可以有效地协助我们加强对链路信息的分析，提高链路的覆盖度。具体做法可以参考以下步骤。

（1）采样：通过链路追踪工具，通过面向用户的接口进行采样，得到大量的链路信息。

（2）过滤：过滤一些不关键的链路，如调用量较低的链路、涉及较多非关键服务的链路等。

（3）去重：根据调用接口的层级关系和参数值对链路进行初步去重，即层级关系和参数值完全相同的只保留一条链路。

（4）聚合：将去重后的结果集中，根据调用接口的层级关系和参数类型进行聚合，尽可能识别出同一类链路。

（5）分析：对聚合形成的链路进行分类，人工筛选并得出最终采纳的压测链路。

链路聚合技术除了能帮助我们完整和高效地识别出重点链路，还能解决链路信息更新滞后的问题。微服务架构中大量的服务都处于不断迭代和更新的状态，服务之间的调用关系和调用方式随时都可能发生改变，压测模型也需要适时进行调整。为了尽快更新压测模型，我们可以使用链路聚合技术建立链路基线，定期采集链路信息，并对采集的信息前后做对比，输出对比结果（如链路中各接口的层级关系变化、调用量变化等），以便人们能第一时间更新压测模型，及时保证链路信息与真实场景中的信息的一致性。

2.3.3 新场景的压测模型构建

无论是线上日志回放，还是链路聚合技术，都是用已经存在的业务场景所涉及的调用链路去构建压测模型。如果我们要在网店上举办一场大的促销活动，该活动涉及新的接口和新的链路，或原有链路的调用关系和调用比例会发生改变，我们应该如何在新业务场景中构建压测模型呢？

首先，对于一个新的业务场景，我们掌握的信息一般有业务需求和业务指标，以及技术团队制定的技术方案，需要根据这些信息梳理出压测链路，包括业务涉及的接口、链路调用关系、数据等。

接下来，我们需要计算链路压测所要达到的目标值，以构建最终的压测模型，这就有一定难度了。压测目标值源于业务指标，举个例子，在“双 11”期间，网站主页将会设置多场“红包雨”营销活动，预计发放 10 万个面值为 3 元的“红包”和 2 万个面值为 10 元的“红包”，该营销方式预计会带来首页 20% 的 PV（Page View，页面浏览量）增长，以及短期 10% 的单量增长，GMV（Gross Merchandise Volume，商品交易总额）预计上涨 8%。

上述例子中提到的 PV、单量、GMV 等都是业务指标，类似的业务指标还有 UV（Unique Visitor，独立访客）、DAU（Daily Active User，日活跃用户数量）等。这些业务指标在全链路压测的压测模型中无法直接使用，我们需要将其转换为压测目标值，即接口的调用量、并发量、吞吐量、QPS/TPS 等指标。换算过程需要根据业务特点灵活考虑，我们总结了以下几点：

- 业务流量一般不是全天均匀分布的，需要考虑业务流量峰谷特征，以及营销活动时间上的特点；

- 由于各接口之间的调用比例不尽相同，估算链路中的流量时要考虑扩散比，即流量从上游传递至下游时，接口之间的调用量被放大的比例；
- 对于接口共用的服务链路，不要忽略背景流量，即目标流量 = 日常业务流量（背景流量）+ 大促活动流量。

我们来做一个小测试，如图 2.7 所示，有一个活动页面分为 A、B 和 C 这 3 个区域，用户访问该页面时将分别调用 getAct()、getAct2() 和 getAct3() 这 3 个接口各一次，这些接口的调用链路又会涉及 a()、b()、c() 这 3 个接口。如果我们得到的业务指标是，这个页面在营销活动期间，每日的 PV 预估是 1000 万，求 a() 接口的预估 QPS 是多少？

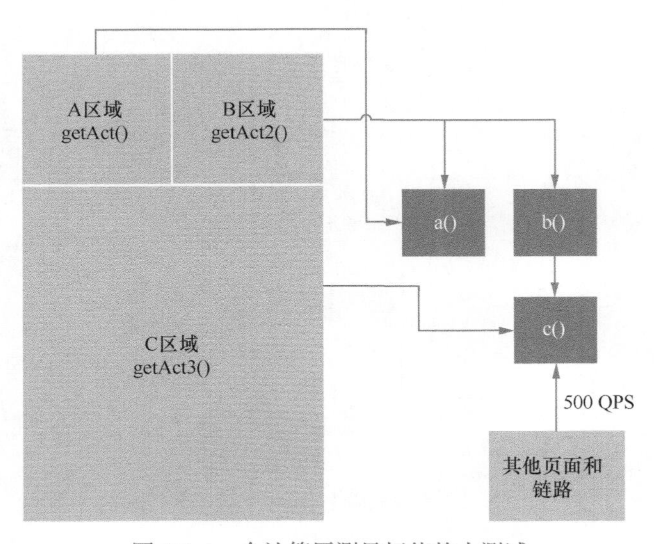

图 2.7　一个计算压测目标值的小测试

我们来看解决这个问题的过程。首先，1000 万 PV 是分布在整个营销活动期间的，但不一定是均匀分布的。假设我们根据二八原则，也就是 80% 的 PV 分布在 20% 的营销活动时间内，那么据估算，4.8h 内将有 800 万 PV，平均每秒 463PV。

用户每次访问该页面（PV 增加 1）将调用 getAct()、getAct2() 和 getAct3() 这 3 个接口各一次，那么对 a() 接口的调用次数总共就是 2 次，我们可以得出 a() 接口的预估 QPS 值为926，这就是该接口在营销活动期间要做到的技术保障目标，也就是全链路压测的一个压测目标值。如果读者感兴趣的话可以计算一下，c()接口的预估QPS值应该是多少。正确答案是463 QPS + 463 QPS + 500 QPS = 1426 QPS。

将上述这些工作组合起来，我们就完成了新场景的压测模型构建工作。如果压测模型比较复杂，我们可以借助链路监控工具生成链路拓扑，以可视化的方式把拓扑呈现出来，这样便于我们理解以及后续评审工作的展开。图2.8展示了一个交易业务场景的调用链路拓扑。

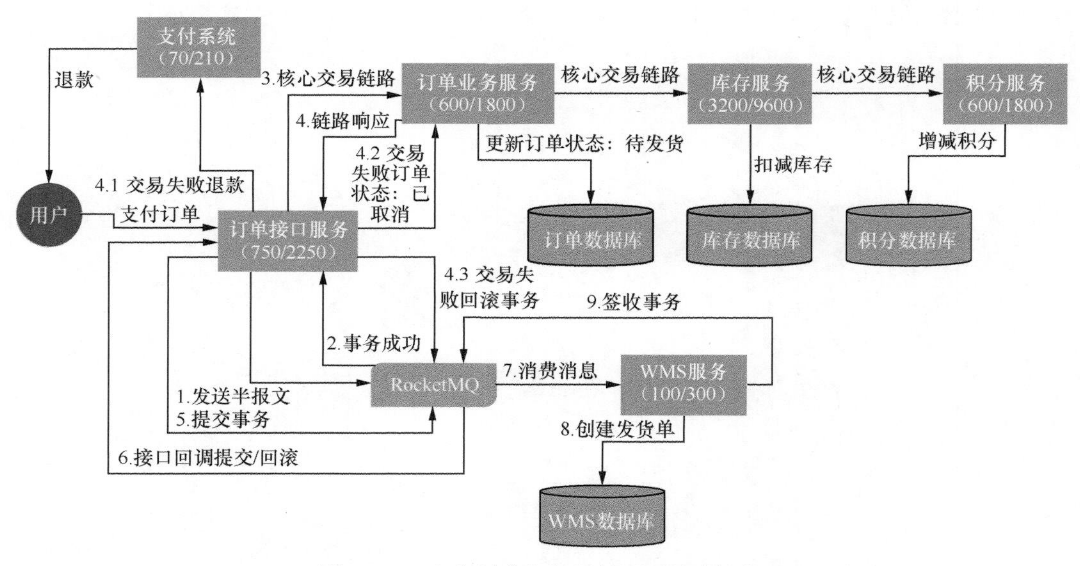

图2.8 一个交易业务场景的调用链路拓扑

2.3.4 全链路压测的服务范围

前面我们介绍了压测模型的构建方法，那么我们应当对哪些系统服务构建压测模型呢？即便是全链路压测，我们也不太可能将每条服务链路都不加区分地纳入容量保障范围。如何科学地确定全链路压测所涉及的服务范围，做到既经济又有效，是一个值得讨论的话题。

一种比较实用的方式是风险驱动，即对容易产生容量风险的服务重点考虑并将其纳入全链路压测的容量保障范围。那么，哪些服务容易产生容量风险呢？我们通过图 2.9 进行概括，并展开讲解。

第一，关键路径上的核心服务必须是重点容量保障对象。我们并不是说这些服务就一定存在容量风险，而是这些服务一旦出现风险，影响会比较大。此外，被关键路径上的服务依赖且无法降级的服务，也应被视为关键服务，因为它们是一条绳上的“蚂蚱”。

第二，有明显流量峰值特征的服务。例如，高峰期和低峰期的流量差异非常大的服务、经常举办大的促销活动会造成流量突增的服务等，这些服务因巨大的流量差异容易引发容量风险。

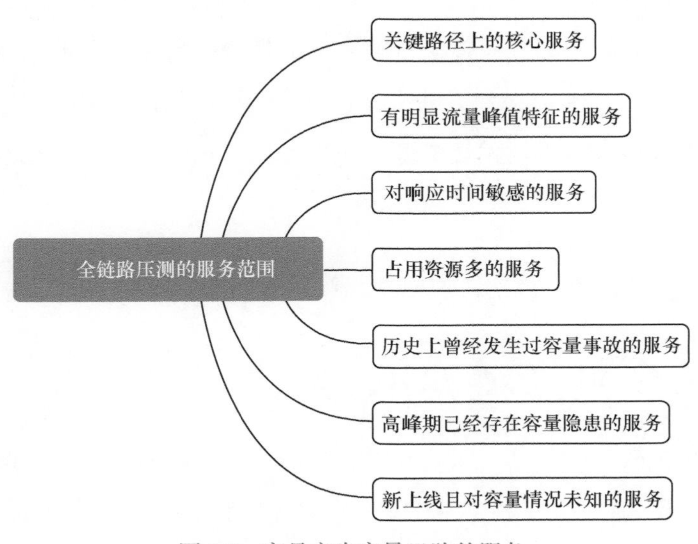

图 2.9 容易产生容量风险的服务

第三，对响应时间敏感的服务。有些底层服务经常被上层服务在同一次请求中调用好几次，一旦响应时间变长，汇聚到上层服务的总响应时间就会被放大好几倍，这种服务的容量就要特别小心维护。当然，在链路调用中也要尽量避免这种多次调用的情况，尽量使用批处理调用。

第四，占用资源多的服务。例如，占用大量带宽、占用大量内存等的服务容易造成资源耗尽，引发容量问题。

另外，除了关注容易产生容量风险的服务，历史上曾经发生过容量事故的服务、高峰期已经存在容量隐患的服务，以及新上线且对容量情况未知的服务，这些也都是全链路压测的重点容量保障对象。

2.4 压测流量构造

如今，互联网公司的系统体量越来越大且用户量也很多，系统上动辄每天有上千万个订单量和上亿个访问量，我们要模拟系统的真实流量峰值情况，全链路压测也需要构造大规模的压测流量。此外，我们还要结合企业实际情况，考虑流量构造的便捷性和成本。毕竟，构造如此巨大的流量势必会消耗大量资源，如果我们对压测的技术选型恰当，能够节省的资源也是很可观的。

下面，我们先探讨压测流量构造的成本，然后分析压测流量构造工具的技术选型。

2.4.1 压测流量构造的成本权衡

压测流量构造最重要的一点是保证压测流量的真实性，但这恰恰是最难的一点，甚至可以说，要做到构造完全真实的流量几乎是不可能的，因为这会带来极高的成本。

我们通过一个简单的例子进行说明。在生产环境中，系统上的用户流量来自四面八方，这些流量通常先通过就近的 CDN（Content Delivery Network，内容分发网络）等边缘计算节点，再经过外网的软负载（Server Load Balancer，SLB）和网关等组件进入机房。这就意味着我们必须要模拟这些来自四面八方的请求（流量），才能保证压测中的流量走向的真实性，而实际工作中这样做的代价是很高的。

应对的方法是做出合理的权衡。例如，针对上面的例子，我们可以搭建一个（些）位于内网的 SLB 专供压测使用，压测使用的流量从内网发起，通过这个（些）SLB 直接作用到系统服务上。这样做的好处是大大降低了压测流量构造的成本，但坏处是对机房的出口带宽、公网 CDN 的容量等无法做出评估。但通常来说，对于这些无法评估的容量都有着非常严密的监控机制和独立保障手段，网络供应商也有相应的容灾策略，因此其风险相对可控，这就是我们所做出的合理权衡。

我们从另一个角度，即成本构成，讲一讲压测流量构造的成本。压测流量构造的成本包含工具成本、资源成本、人力成本等，这些成本之间是互相影响的。例如，我们的全链路压测场景中有一个场景需要模拟百万长连接，如果我们使用 JMeter 这类 BIO（Blocking I/O，阻塞式 IO）的压测工具，虽然工具成本低，但是消耗的压测资源较多；如果我们基于 Netty 编写一个压测客户端，虽然需要投入一定的开发成本，但也节省了不少压测资源，这就是我们做出的成本权衡（trade-off）。

诸如此类的成本权衡，在压测流量构造中处处可见。其中，压测流量构造工具的技术选型是较为重要的，下面我们展开讲解。

2.4.2 压测流量构造工具的技术选型

压测流量构造工具的技术选型，首先取决于企业的业务规模和流量规模，其次取决于企业的技术能力和工具积累。在第 4 章中，我们将具体介绍几款流行的开源流量构造工具，以及自研流量构造工具的设计方案。本节我们讨论一些宏观的选型策略。

如果企业的业务规模和流量规模不大，我们建议直接使用开源工具构造压测流量，市面上成熟的开源工具有 JMeter、nGrinder、Gatling、Locust 等，虽然这些工具的功能略有差异，但都是经过大量实战检验的，具备构造大规模压测流量的基本能力。

如果企业的业务规模和流量规模较大，需要压测工具支持构造超大规模的流量，或有大量的定制化需求，此时就比较适合使用自研工具或基于开源工具做二次开发。自研工具或二次开发工具的重点可以参考以下几点。

- 规模化：优化流量构造模式，在相同成本下，提升构造大规模流量的能力。
- 平台化：建立 SaaS（Software as a Service，软件即服务）压测平台，管理所有压测资源，所有员工都可以在这个平台上协作，压测执行记录和结果信息可以便捷地分享给其他员工。
- 标准化：统一流量构造的过程和方式，提供一站式服务，降低员工的使用门槛。
- 低代码：无须（或少量）编写代码或脚本即可构造符合需求的大规模流量。

如果企业没有自研工具或基于开源工具做二次开发的技术能力，又有非常急迫的全链路压测需求，那么直接购买商业解决方案也不失为一种“选型”。我们可以根据企业的实际情况，做出恰当的选择。

2.5 容量指标监控

容量指标监控是全链路压测技术实现的目标之一。如果缺乏这些监控，全链路压测的结果就像盲人摸象一样，很难得出准确的结论，还会给系统带来风险。

同时，容量指标监控涉及的范围较广，我们不能简单地选择一些基础指标进行监控，我们需要的是系统性的、健壮的容量指标监控方案，确保能全方位地识别系统的容量风险和隐患。

本节，我们先分解出较大的容量指标类别（资源类指标、应用类指标、网络类指标、链路类指标、中间件指标、压测端指标、舆情指标），再细分具体的容量指标，逐层展开讲解。

2.5.1 资源类指标

资源类指标呈现的是系统服务所使用的硬件资源情况，包括 CPU、内存、磁盘等。笔者将资源类指标做成了思维导图，如图 2.10 所示，其中使用红色标记的指标是需要我们重点监控的。

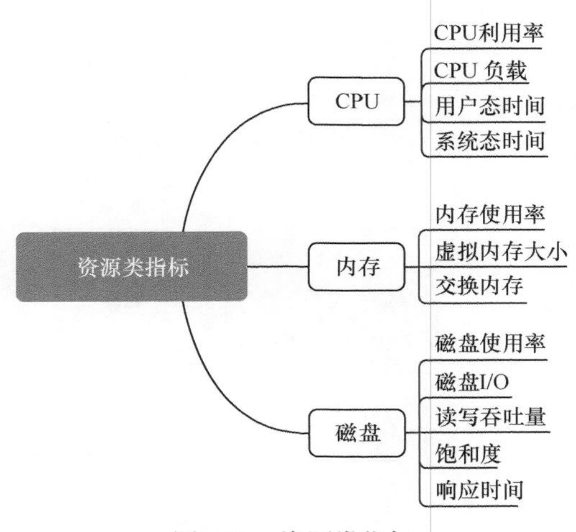

图 2.10 资源类指标

资源类指标大多可以通过对资源设置明确的警戒信号来达到监控和告警的目的，例如，CPU 利用率超过 80%、内存使用率超过 90% 等。同时我们也要注意，现代化的软件系统往往都是以集群的形式对外提供服务的，当我们以集群维度监控这些指标时，需要关注指标的最高值或分位线（如 99 线、95 线等），而不是平均值。这是因为，即便集群中只有一个节点出现资源利用率过高的情况，往往也预示着其他节点出现类似资源瓶颈的风险加大，应当引起我们的警惕。

此外，在服务容器化技术盛行的当下，我们除了关注容器实例的资源使用情况，还应关注宿主机的资源使用情况，尤其是当容器的超卖比例较大时，更应关注宿主机的容量风险。

2.5.2 应用类指标

应用类指标呈现的是应用服务自身的性能情况，既包括服务的响应时间、吞吐量、应用资源、错误信息、GC（Garbage Collection，垃圾回收）指标等，又包括由应用服务衍生出的业务指标，如下单量、支付量、履约量等。我们同样以思维导图的形式进行展示，如图 2.11 所示。

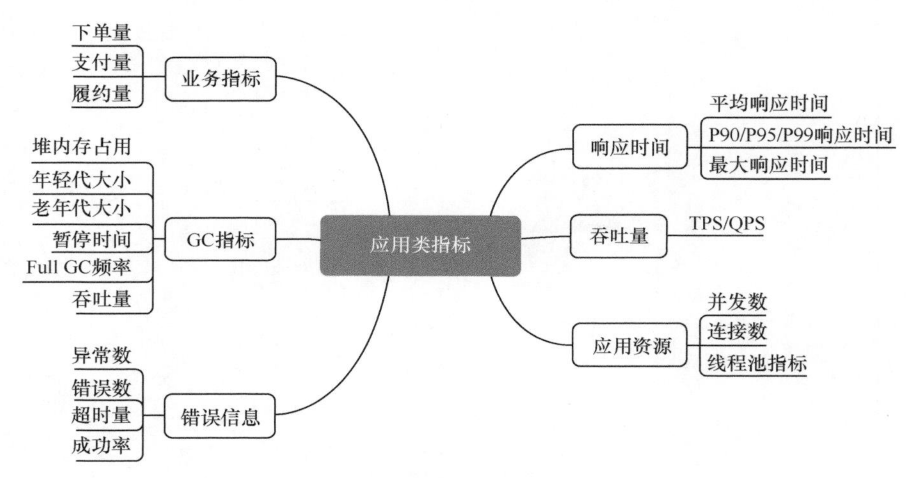

图 2.11 应用类指标

应用类指标直接反映了系统服务的工作状况，是业务一线指标。因此，需要用最高优先级关注这些指标，一旦出现响应时间延长、频繁 Full GC 等情况，应及时对系统运行进行干预。

2.5.3 网络类指标

网络类指标呈现的是系统运行时的网络状况，包括带宽、时延、速度、抖动、吞吐量、丢包等指标，如图 2.12 所示。

网络类指标作为一种系统底层指标，容易被忽视，但如果网络出现问题，其所带来的影响又比较大，因此，我们推荐通过自动监控告警的方式暴露网络风险。举一个例子，如果全链路压测的请求量过大，导致机房的出口带宽被“打满”，那么就会影响正常用户对系统的访问，此时针对出口带宽的监控如果能够提前自动告警，我们就能及时终止全链路压测，将影响面降到最小。

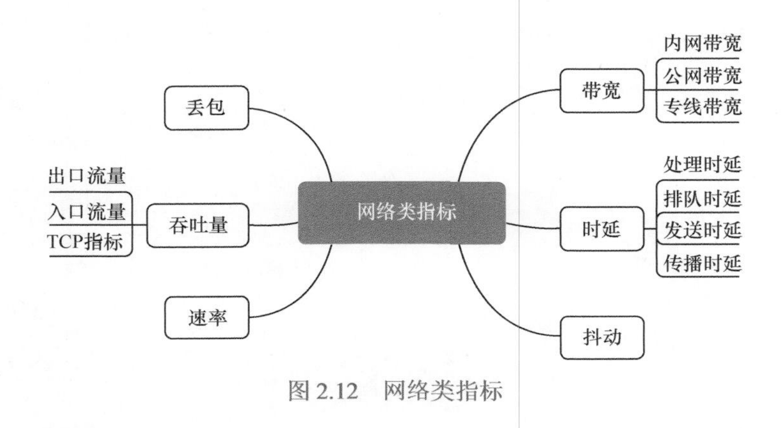

图 2.12 网络类指标

2.5.4 链路类指标

链路类指标呈现的是系统服务的上下游依赖方的性能指标，如图 2.13 所示。

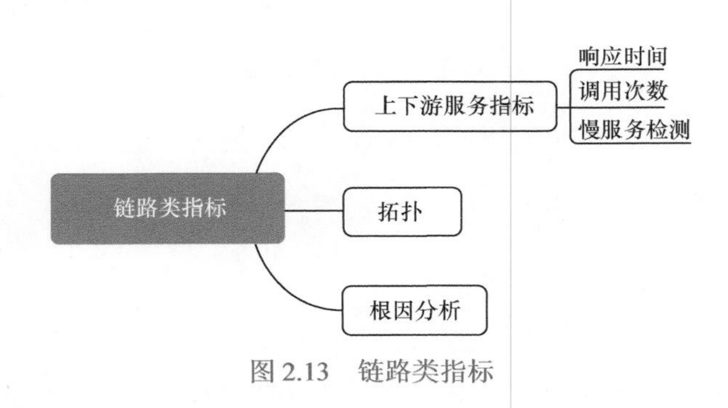

图 2.13 链路类指标

链路类指标在微服务架构的容量分析工作中起着非常关键的作用。例如，某个服务接口的响应时间长，其原因也许并不是这个服务存在容量瓶颈，而是它的调用链路上的某个服务出现了容量瓶颈。只有通过链路类指标，我们才能找到问题的根因。

监测链路类指标，需要有易用的链路追踪工具支持，以便技术人员能够高效地排查问题。CAT、Zipkin 和 SkyWalking 是业界常用的开源分布式链路追踪工具。

2.5.5 中间件指标

中间件指标涵盖了应用（系统）服务所使用的各种中间件的性能指标。由于中间件的种类非常多，我们仅列举主流的中间件以及它们的核心性能指标，如图 2.14 所示。

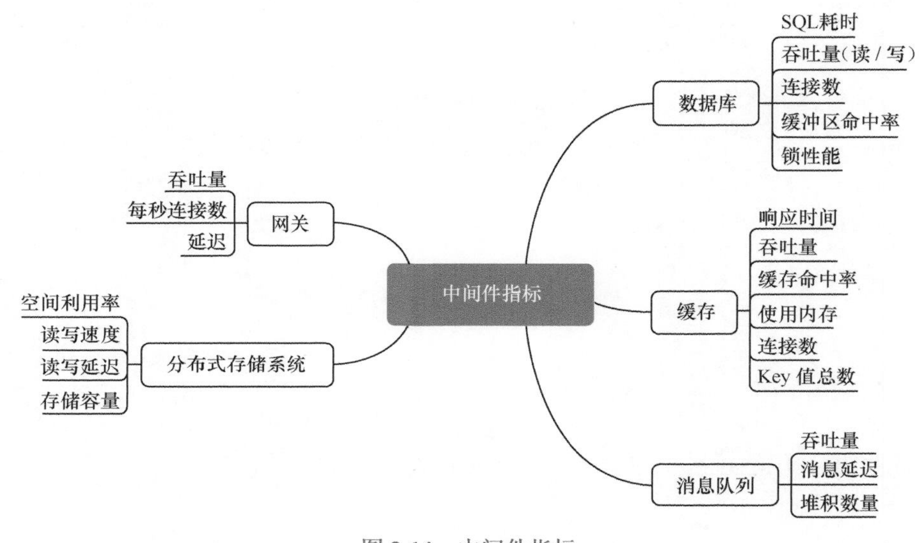

图 2.14 中间件指标

中间件指标监控是比较细分的领域，也有一定的技术门槛。因此，我们建议由专人负责监控和跟进，以便及时发现问题。

2.5.6 压测端指标

压测端指标指的是压测端（如压测集群）自身的资源指标，我们一般关注压测端的系统资源指标和网络资源指标，因为它们是压测端非常容易出现瓶颈的指标，如图 2.15 所示。

如果压测端指标发生异常，虽然一般不会直接对应用服务产生影响，但它会导致压测结果失真，因此同样需要关注。举一个例子，在全链路压测过程中，如果压测机的 CPU 资源达到了瓶颈，那么我们对服务施加的压力就无法持续提升，如果我们不关注压测端指标，很容易得出服务容量出现瓶颈这个错误的结论，而真正的原因是压测端出现了资源瓶颈。

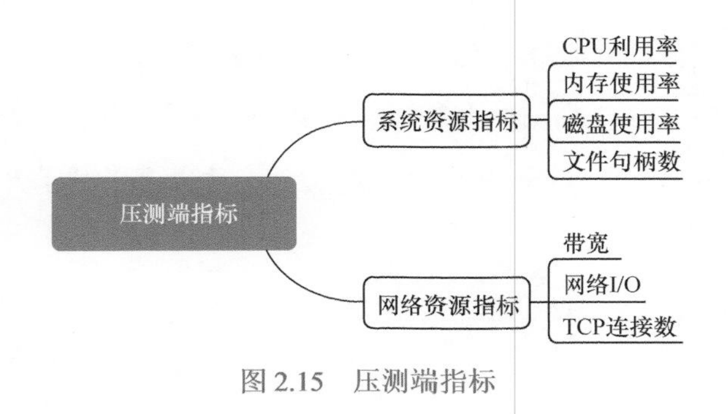

图 2.15　压测端指标

2.5.7　舆情指标

舆情指标是很容易被忽视，但又与服务容量息息相关的指标。我们通过监控用户投诉和信息反馈，能够识别一些难以监测的服务容量问题，也能够第一时间对产生的问题进行判断。因此，技术团队应当与客服团队对接，互通舆情信息，以便及时对因舆情引起的系统问题做出应对。

2.5.8　容量指标监控原则

我们讲解了众多的容量指标，但如果仅仅是简单地堆砌这些指标，不仅会让监控的内容变得非常复杂，影响判断，还会导致重要信息被遗漏，最终无法达到及时暴露容量风险的目的。因此，容量指标的监控和报警需要遵循一些原则，我们整理为以下几点。

- 不堆砌监控指标，防止有效报警被淹没。
- 监控应当分级，并设置不同的触达方式。例如，高优先级的监控指标应用电话触达接收方，低优先级的监控指标可以用短信触达接收方。
- 没有一种监控手段能发现所有问题，需要联合使用多种监控手段，且每种监控手段各有其侧重点。
- 监控指标的设置不是一次性工作，需要对监控指标的设置不断完善、不断优化。

- 监控与报警的信息要简洁、准确，方便快速定位问题。

此外，一个体验良好的监控系统也是助力容量指标监控的利器，它能帮助我们一站式观测各种指标，对于特定业务场景的监控需求可以通过定制监控面板的方式呈现。图 2.16 和图 2.17 是我们给出的定制监控面板的参考效果，读者也可以基于开源的 Grafana 平台实现类似的效果。

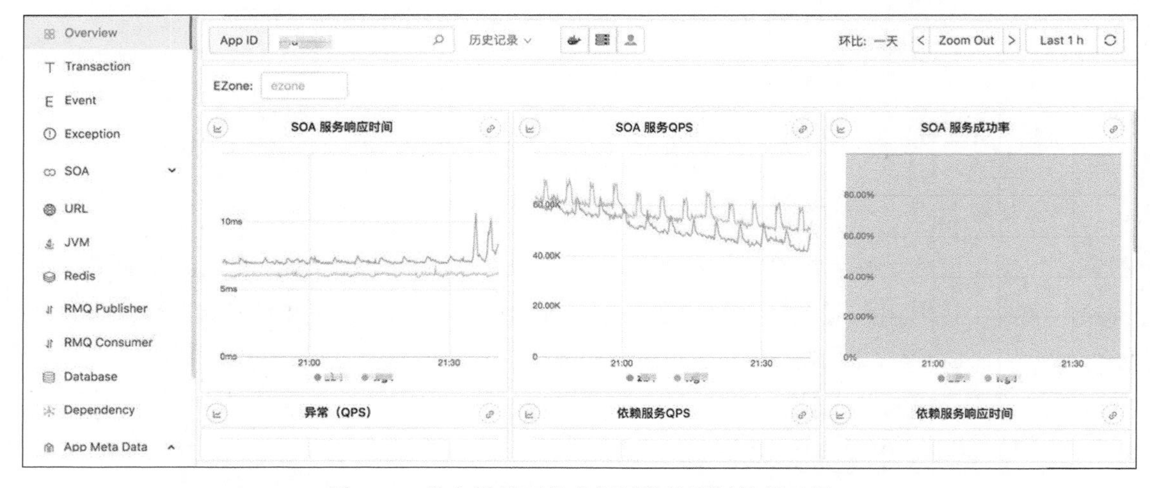

图 2.16　常态场景下的多指标监控面板效果示例

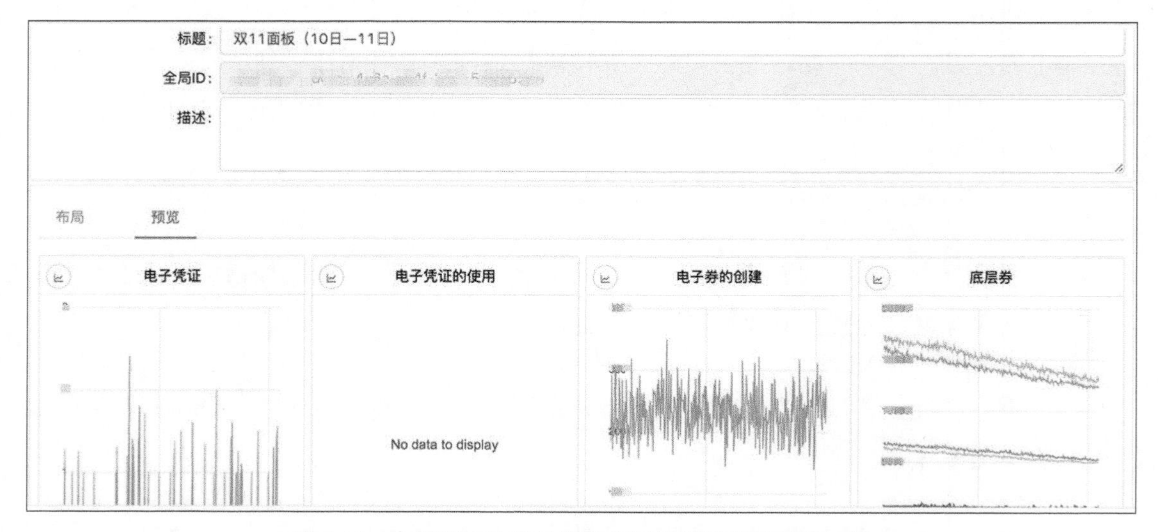

图 2.17　大促销活动场景下的定制化监控面板效果示例

2.6 全链路压测的实施流程

我们已经完整介绍了全链路压测的技术，换言之，我们已经具备了全链路压测的实施基础，可以进入正式的实施流程了。

全链路压测的实施可以由性能测试团队或运维团队主导，实施时，我们需要定义明确的流程规范，并联合业务团队共同参与。每个参与全链路压测的角色都需要以全局视角看待全链路压测实施工作，了解每个环节要做哪些工作，这样才能更好地相互协作。

图 2.18 所示为全链路压测实施流程，该流程被划分为事前方案、事中盯盘、事后分析这 3 个阶段。下面，我们具体展开介绍每一个阶段的重点工作。

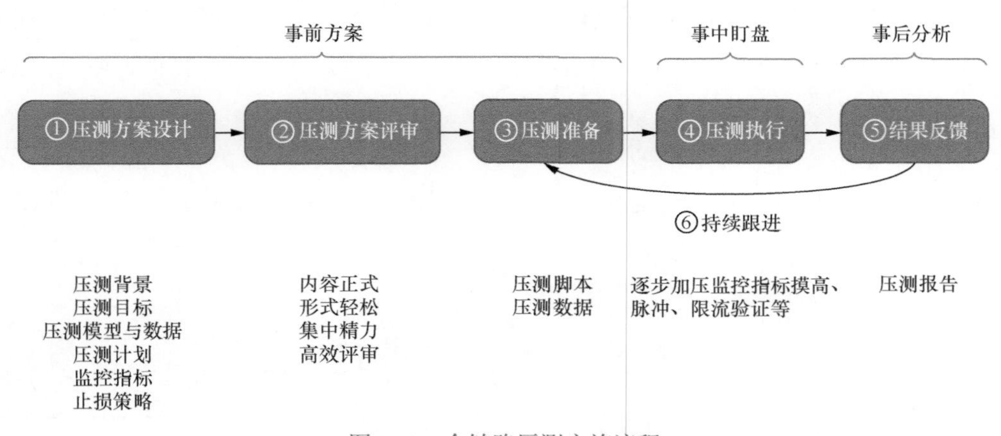

图 2.18 全链路压测实施流程

2.6.1 压测方案设计

不少技术人员都不太喜欢写压测方案，究其原因，技术人员往往更愿意专注地写代码，而不是写方案，还有一部分技术人员非常自信，认为即便不写方案也能顺利完成工作。

但笔者想传达的理念是：方案是写给自己的，更是写给团队看的。这是我们将信息通过一种形式传达给外部的方法，缺少它，随之而来的就是潜在的误解和信息不对称，会给实施过程带来非常大的隐患。

压测方案是可以模式化的，其本质是对经验的一种抽象和固化。以设计模板为例，如今我们可以通过阅读各种资料去学习已有的设计模板，但这些设计模板不是一开始就存在的，我们的前辈在工作中践行了一些好的做法，并将这些做法抽象总结出来，才形成了现在我们看到的各种设计模板。

因此，对于压测方案的编写，笔者建议遵循同样的做法，先集众人所长，抽象总结出一份适合团队和业务特征的模板。在设计压测方案时，我们按照这份模板填空就可以了。

这样做的好处有很多。首先，这份模板已经为我们准备好了纲要，这是带有备忘录性质的，在大方向上我们不会遗漏一些重要工作；其次，模板是标准化的，是一种潜在的“契约”，这能够降低团队的理解成本，也有助于方案评审；最后，这种形式也方便日后追溯和反查，相当于建立了一份档案。

这里，我们给出一份较为通用的压测方案设计模板，如表 2.3 所示，读者可以基于这份模板，结合实际情况进行再加工。

表 2.3　全链路压测方案设计模板

项目	描述
压测背景	描述此次压测的背景和压测需要关注的内容
压测目标	列举压测场景，以及需要达到的预期结果，如 TPS 达到多少等
压测模型与数据	包括压测对象（服务、接口）、接口间的依赖关系、上下游和外部依赖情况、流量的扩散比、服务部署情况、需要准备的压测数据等
压测计划	压测执行的具体策略，如每一轮执行的线程数（或 TPS）、执行时长等
监控指标	压测时需关注的指标，如 CPU 利用率、内存使用率、服务接口的响应时间等
止损策略	若因压测导致线上业务功能异常，应如何应对，有无降级方案、有无补偿方案等

2.6.2 压测方案评审

“一个好汉三个帮”，即使精通全链路压测和业务场景的技术人员也无法确保每次都能设计出完美的压测方案，因为人的能力是有限的。压测方案评审的目的就是通过交叉审查的方式，尽可能避免个体的疏忽，降低出错的概率。

在压测方案评审中，相关的研发人员和测试人员都应参与评审讨论，核对压测模型和数据的合理性，确保没有遗漏关键信息。如果涉及重要的大促销活动，建议架构师对方案进行二次复核。

为了避免评审过程枯燥乏味，我们提倡“内容正式、形式轻松、集中精力、高效评审”。在笔者的办公楼层中有一台可移动的电视用于放映评审用的 PPT，我们把这台电视推到茶水间门口的沙发边上，参与评审的人员以轻松的方式开始评审，除主讲人以外，其他人不允许带计算机，评审在 1h 内完成，偶尔有超时的，另行预约时间。读者可以参考这种正式又轻松的评审方式，我们并不需要每次都把所有人员安排到会议室，大家正襟危坐地轮流发言，这样可能反而会限制交流。

2.6.3 压测准备

压测方案评审无误后，技术人员就可以着手进行压测准备工作了，根据评审过的方案撰写压测脚本，准备压测数据。准备完毕后，调试脚本和数据，确保脚本能够正常执行，服务无异常。

关于压测脚本的撰写我们不展开讲解，使用不同的工具撰写脚本的方法也不同，读者可以前往相应工具的官网查阅用户手册和使用案例。

对于压测数据的准备，我们适当展开讲解。我们时常会遇到这样的问题：全链路压测需要准备多少压测用户？这些用户中有多少需要设置成会员？等等。诸如此类的问题，我们的回答可以总结为一句话：“用户数尽可能贴近真实业务场景的用户数。”

例如，上面提到的“准备多少压测用户”这个问题，我们的回答是，由于生产环境中用户数据量较大，大多数情况下在数据库层面存储这么多用户都会采取分库分表的做法，即将用户 ID 散列后路由至多个分片表存储。如果我们准备的压测用户数过少，那么这些压测用户很容易就会分布到某几个分片表上，在压测时导致单片过热（某几个分片表的负载特别高），这就与真实业务场景不一致了，压测结论自然也就没有意义。因此，我们在准备压测用户时，需要达到一定的数量规模，至少要保证这些压测用户能够均匀分布到每个分片表中。

又如，上面还提到“这些用户中有多少需要设置成会员”这一问题，回答也是一样的，以真实业务场景为准。假设在实际业务中，会员与非会员的数量比为 1∶5，那么我们在设置压测用户的会员比例时，应该遵循相同的比例。

压测数据准备完毕后，我们需要将其添加至影子库 / 表中，并完成影子库 / 表的相关配置和预热操作（物理隔离方案），或在真实表中生成这些数据（逻辑隔离方案）。

2.6.4 压测执行

准备工作一切就绪后，下一步就是执行全链路压测。由于全链路压测通常在生产环境中实施，风险较大，因此，我们需要有严格的操作规范和止损预案。下面给出一个较为通用，且比较安全的全链路压测执行流程，如图 2.19 所示。

在这个流程中，全链路压测是循序渐进的，逐步对目标服务施加压力，同时需要严密监控各项指标，一旦出现异常，我们应确保在无风险的情况下才能继续施压。在达到压测目标值后，可以进行适当的摸高（在更高压力下维持一段时间）、脉冲（模拟瞬时的高并发场景）、对限流进行验证等工作。

由于我们事前并不知道系统是否能够承载预估的压测目标值，因此全链路压测是一种较为高危的验证过程，需要格外小心。我们再列举一些常见的容易导致线上业务受影响的情况，希望读者引以为鉴：

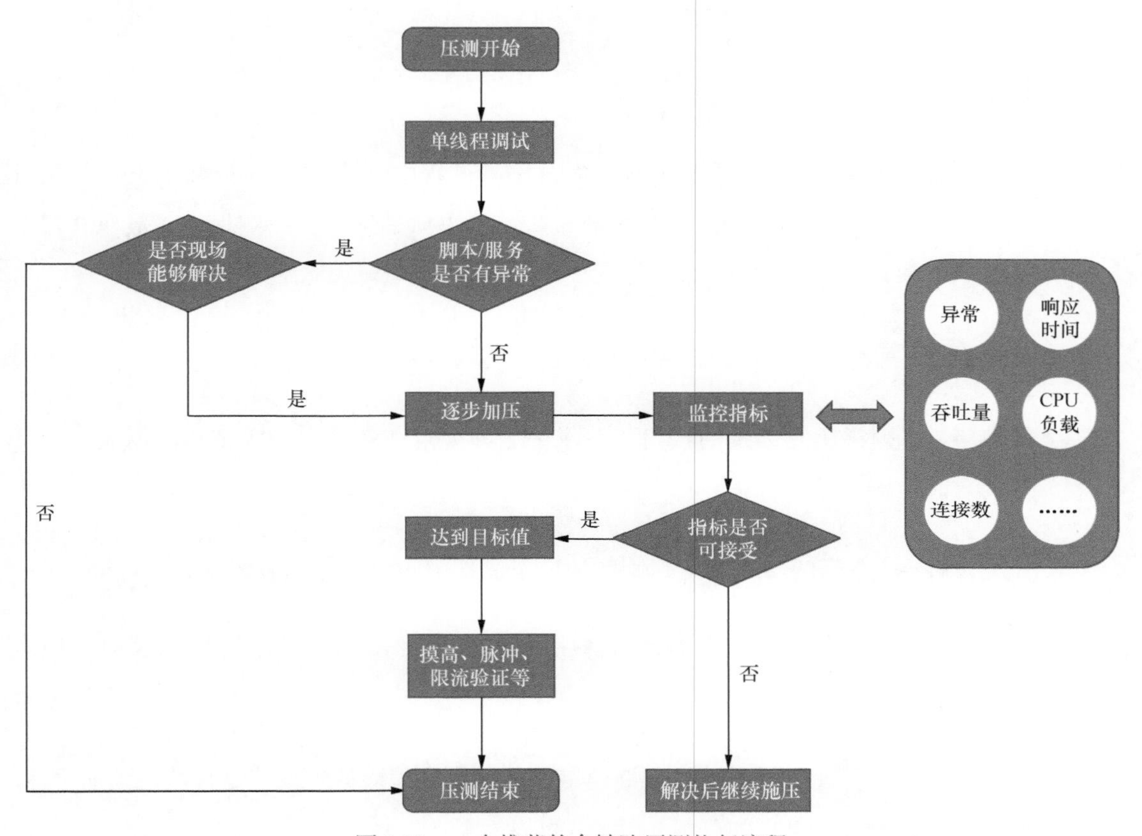

图 2.19 一个推荐的全链路压测执行流程

- 在对系统容量没有足够摸底的情况下，直接压测到较高的压测目标值容易导致服务直接宕机；
- 压测时只关注压测量，不关注服务监控指标，无法及时应对已经产生的风险；
- 没有制定止损预案，压测过程中出现意外情况时手忙脚乱；
- 对目标业务不熟悉，尤其是上下游链路，将生产环境作为试验场；
- 盲目自信，风险意识弱，对已“冒头”的风险置若罔闻，容易引发次生灾害。

2.6.5 结果反馈

全链路压测结束后，我们需要分析、总结压测过程中产生的各项指标数据，与系统各相关方确认压测是否达到预期，编写压测报告，给出明确结论。压测报告一般包含以下要素。

- 压测场景：列举此次压测包括哪些场景，说明场景内容。
- 压测链路：列举压测涉及的接口、请求参数、处理逻辑、上下游依赖，以及中间件等内容。
- 压测目标：在给定的服务资源和硬件环境下，期望应用服务能够达到的容量目标。
- 压测过程记录：记录每一轮压测的核心指标。例如，当施压线程数为 X 时，服务 TPS 达到了 Y。
- 压测结论：分析压测指标数据，判断全链路压测所涵盖服务的性能是否满足预期目标，如有容量风险应提供详细分析，并给出优化建议。
- 其他信息：压测过程中遇到的其他情况，如服务故障、基础设施变更、环境问题等。

这里还有一些注意点需要强调。首先，应确保压测数据真实有效，如果由于某些原因导致某一轮压测没有完全执行完毕，获得的指标数据不完整，那么就应该抛弃该轮数据；其次，压测结论应简明扼要，对于无法“确诊”的问题也要描述清晰，充分暴露风险；最后，如果因为一些可测性的原因导致压测结果存在一定的局限性，也应该在压测报告中明确告知。

总之，压测报告应力求在最小的篇幅内，给出人人都能看懂的结论。

2.6.6 持续跟进

全链路压测不是单纯地测完就好，它所暴露的问题需要被有效跟进，并在一定时间内解决。对系统进行改进后，再次确定时间对系统进行压测，确保对系统的改进是有效的，并不断优化改进措施。

至此，我们讲解了全链路压测的整个实施流程，读者可以根据团队的情况和人员能力，有取舍地实施全链路压测。此外，这套流程在团队内要有效地运作起来，需要相应的运营配合和配套制度。在笔者的团队中，我们要求全链路压测的实施人员在项目技术方案的设计阶段，甚至是需求阶段就应该熟悉业务场景，这样在评估目标后就能非常快速地设计和更新压测方案，尽早进入评审流程。全链路压测结束后，针对发现的应用问题，相应的研发负责人必须在一定时间内给出解决方案，并约定再次验证的时间。这些制度都是确保全链路压测实施流程能够充分落实的必要保障。

2.7 本章小结

本章我们详细介绍了全链路压测的技术实现，涵盖压测数据隔离、中间件改造和应用服务改造、压测模型构建、压测流量构造、容量指标监控等内容，对一些流行的技术方案重点进行了剖析。同时，我们还介绍了全链路压测的实施流程，以及其中的各项注意点。主要内容如下。

- 逻辑隔离实现简单、容易理解，无须改造中间件，但是它对系统的侵入性比较强，而且需要变更数据结构或数据内容，此外，数据污染风险较大。
- 物理隔离是将所有压测数据写入独立的数据区域的方法，这一数据区域与真实的数据库（或表）在物理上完全隔离，从而最大限度规避了数据污染风险，清理数据也比较方便。

- 影子库的实现容易理解，改造成本可控，但需要花费双倍的数据库资源（哪怕是只读表也需要冗余资源）；影子表的实现相对复杂，需要中间件支持，但冗余成本低。
- 中间件的改造基本上都与压测数据有关。因此，在评估中间件改造方案时，我们需要对数据特别敏感，涉及数据的地方可能都是潜在的改造点。
- 如何用低成本构建尽可能贴近真实业务场景的压测模型，对压测结果的可信度至关重要。
- 线上日志回放比较适合用于单请求（主要是读请求）的压测模型构建。
- 链路聚合也是一种用户行为分析技术。其技术原理是通过采集线上用户真实行为所产生的数据，为压测模型的构建提供参考。
- 压测流量构造最重要的一点是保证压测流量的真实性，但也应在成本上取得平衡。
- 系统性的、健壮的容量指标监控方案，能确保全方位地识别到容量风险和隐患。
- 全链路压测的实施流程要在团队内有效地运作起来，需要相应的运营配合和配套制度。

第 3 章　全链路压测的组织保障

全链路压测需要有团队来实施和统筹，这个团队最大的价值不在于“一刀切”搞定全链路压测的所有工作，而在于通过自身的“输出”（如工具、流程、规范等）来推动全链路压测的落地，继而提升企业整体的容量保障水平。

第 2 章我们讲解了全链路压测的技术，本章我们将讲解全链路压测的组织保障。之所以要用专门的篇幅讲解组织保障，是因为全链路压测并不是单一的技术工程，在它的搭建、改造、实施和运营过程中，涉及大量的团队和人员。将如此多的角色组织起来共同致力于全链路压测这一大型项目，组织保障显然是非常重要的工作，它甚至决定了全链路压测的成败。

但现实情况是，不少企业对全链路压测的组织保障工作并不重视，以为组建一个团队，将全链路压测的所有工作交给这个团队就万事大吉了，这是不正确的。全链路压测是一项大工程，如果企业不联动各个团队的力量，不考虑建立机制去驱动技术实现和规范流程，结果往往就是“雷声大雨点小”，全链路压测未能真正落实，它本应该带来的容量保障全员意识提升也未能实现。

因此，笔者希望通过本章的讲解，引起读者的共鸣，使企业更加重视组织保障工作。

3.1 全链路压测需要什么样的团队

对于全链路压测的组织保障工作，我们要回答的第一个问题是：全链路压测需要什么样的团队？

笔者并不推荐将全链路压测的所有工作都交给某一个团队，达到所谓的“闭环效果”。原因不难理解，全链路压测各项工作的涵盖范围实在是太广了，除非企业的规模很小，否则仅依靠一个团队去承担所有的工作是不现实的。我们更希望达到的效果是建立一个团队，通过工具平台、制度建设和流程规范等手段，引领和联动企业的各个团队共同推动全链路压测的建设和实施，而不是由某一个团队单打独斗。

因此，全链路压测需要有团队来实施和统筹，这个团队最大的价值在于通过自身的“输出”（如工具、流程、规范等）来推动全链路压测的落地，继而提升企业整体的容量保障水平。团队的组织形式可以是多样的，基于运维团队和基于测试团队的组织形式在行业内都有一些成功的实践案例，下面我们分别展开讲解。

3.1.1 运维驱动：GOC 团队的建立和意义

GOC（Global Operations Center，全球运营中心），是由运维人员和技术人员所发展起来的独立团队，能承担全局应急、指挥和调度工作。这里的“全球”泛指全局，并不意味着团队一定要提供跨国服务。

GOC 团队的组织形式于 2012 年在阿里巴巴内部进行尝试，该团队将当时散落在各处的监控体系、监控标准和流程规范进行了统一。2015 年，GOC 团队进一步明确了其定位，即负责管理生产环境中的所有问题，如实时监控、快速恢复、事后复盘等，落实全生命周期管控，注重监控运营效率与大数据分析、快速定位与恢复能力。这些工作中的绝大部分都与全链路压测直接相关。

GOC 是典型的“分久必合”的组织产物，各个业务团队的“小运维”形式在组织建设初期的效率和执行力是非常高的，但随着公司团队规模的逐渐扩大，因缺乏集中管控而造成“重复造轮子”的现象日益突出。在组织效率达到瓶颈后，需要有一个集中式组织接管这些具有共性的工作，这在互联网公司是很常见的。

集中式组织最大的优势在于标准化，最大的劣势在于脱离一线，因此需要扬长避短。针对全链路压测工作，GOC 比较适合作为指挥家，即制定流程规范，统一跟进压测时和压测后的各种容量风险，协调各个相关团队进行服务性能优化、快速应急等工作。当然，如果企业规模比较小，也可以组建 SRE 团队来做这些事情，其本质是类似的。

GOC 这种组织形式很好地发挥了集中式组织的统一管理优势，GOC 本身并不直接介入细节工作，而是推动和支持相关的技术团队完成全链路压测的各项工作。可以想象一下，老式的绿皮火车是由火车头作为动力源牵引各节车厢运行的，而新式的动车组的每节车厢都有动力源，车头的作用只是引导方向，而 GOC 就是这列动车组的车头。

当然，GOC 本质上是一个运维团队，由运维团队来驱动全链路压测工作的弊端是其极为依赖其他团队的技术能力和执行力，因为 GOC 本身并不具备技术改造能力，对于全链路压测的工作只能起到监督作用，无法做具体的技术工作，如果企业的技术能力不强，那么 GOC 也只能"巧妇难为无米之炊"。

3.1.2 测试驱动：是否需要独立的专项测试团队

将容量 / 性能测试团队化零为整，转型为独立的专项测试团队，是否能更好地驱动全链路压测的实施工作呢？这是需要做阶段性考量的，看一下表 3.1，它展示了容量保障意识随着业务的不同阶段而演变。

表 3.1 容量保障意识随着业务的不同阶段而演变

业务的不同阶段	业务特点	容量保障意识
探索期的业务	验证模式，从 0 到 1	容量不重要，先把业务模式做起来
进攻期的业务	市场占有率是唯一目标	成本不是问题，增加机器就行了
发展期的业务	稳居市场 TOP *X*，业务成熟	解决容量问题，不能只扩容
变革期的业务	增速放缓，转型或变革	新财年不批新机器了，容量需要优化

在业务探索期，所有人关心的重点都在业务的起步与发展上，业务的服务容量几乎不

会被考虑；在业务进攻期，成本不是问题，能打赢竞争对手就行；到了业务发展期，业务将逐渐从爆发式增长转为平稳增长，此时企业就需要关注服务容量了；而到了业务变革期，服务容量将成为企业成本管控的一部分，被重点关注。

回到最初的问题，是否有必要建立一个集中式的专项测试团队去实施全链路压测，是需要根据业务发展的阶段做判断的。在业务的探索期和进攻期，因为容量问题不是其痛点，所以是否组建专项测试团队不重要；从业务的发展期开始直至变革期，企业应当拥有一个全链路压测专项测试团队，因为全链路压测所带来的服务优化和容量治理工作需要一个团队牵头，并提供统一工具支撑。这个专项测试团队可以是完全独立的团队，也可以是GOC团队或SRE团队的一部分，负责执行压测和性能优化工作。

3.1.3 谁对服务容量负责

有了团队，接下来就要明确责任。全链路压测可以帮助我们发现服务容量隐患，那么究竟谁来对服务容量负责呢？是不是由GOC或专项测试团队来负责呢？

首先，单一角色负责制往往是行不通的，即便是前文提到的GOC或专项测试团队，也不可能独立解决所有容量问题，自然也无法为服务容量负全部责任，否则就违背了权责对等的原则。

其次，共建虚拟团队是不错的想法，由GOC牵头，各个业务团队的架构师和性能测试人员共同参与，组成一个容量保障虚拟团队。这个虚拟团队中的人员有一部分共同的KPI（Key Performance Index，关键绩效指标），并受GOC统一管理。

笔者的实际工作经验是，为了让GOC的权限更大，可采用“虚实结合”的方式，即确保每个业务技术团队有一个容量保障负责人，他可以是架构师或资深研发人员，分别向业务负责人和GOC负责人“双实线汇报”，并为他们制定明确的目标和产出。

这位容量保障负责人遵循“首问负责制”，即对服务容量负第一责任，为了支撑他担负起这个责任，约定每个业务技术团队有不少于15%的人力由其统筹，作为其开展工作的人力资源。容量保障的其他参与方依然保留在各业务团队中，并在团队内汇报工作，但这些人员的一部分 KPI 来自容量保障工作，由 GOC 根据客观数据对其进行打分。这样，就形成了有层次的团队负责制度，对各个职能角色也有一定的授权和约束。读者可以参考图 3.1，直观地理解这种“虚实结合”的方式。

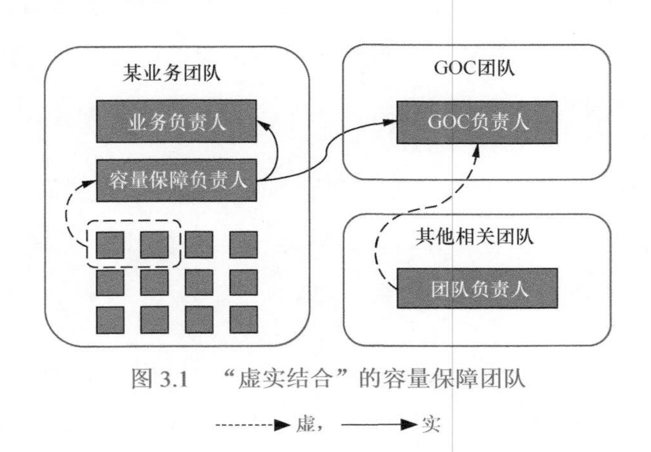

图 3.1 “虚实结合”的容量保障团队

虚，实

3.2 全链路压测如何运营

全链路压测作为一个“航空母舰”级的工程项目，除了技术实现工作难，它的运营工作其实更难。如何确保参与全链路压测的团队能够紧密协作，快速推进全链路压测的各项工作，形成机制并有效运作下去，是有不少学问的。

下面，我们深入剖析一些全链路压测运营的最佳实践，这些实践是经过不少曲折的过程演进出来的，非常值得学习。

3.2.1 Program 机制

全链路压测这样的大型工程项目是需要自上而下推动的，但这并不是说我们一定要强行推动，比起诉诸行政命令，通过建立合理的机制去推动项目将取得更好的效果。这里，我们介绍 Program 机制，这是一种针对跨团队合作大型项目的推动机制，由 CTO（Chief

Technology Officer，首席技术官）或技术高管直接牵头，对公司内部需要推动的技术改造项目进行必要性和优先级评定。

所有公共团队（如基础设施团队、大数据团队等）和业务团队的技术领导都需要定期参加Program机制例会，在会议上对这些项目的方案和风险进行讨论。讨论结果达成一致后，业务团队必须在约定时间内完成公共团队提出的技术改造需求，而公共团队则需要提供合理的方案，并提供足够的支持。

Program机制为公共团队推动技术改造项目提供了强有力的支撑，它可以动态平衡业务实现与技术改造之间的关系，使业务团队必须用一部分时间进行技术升级，而不只是埋头于业务迭代工作。

笔者所服务过的一家创业公司依托Program机制，仅用2个多月的时间，便从0到1推动完成了全链路压测的核心改造工作。所以，读者大可不必把全链路压测的推动想得很难，可以尝试去推动它。

3.2.2 全链路压测SOP

SOP（Standard Operating Procedure，标准操作规程），指的是将某一事件的标准操作步骤和要求以统一的格式描述，以指导和规范日常工作。它可以带来以下好处：

- 标准化流程，尽可能规避人的主观性判断，避免歧义引发的误解；
- 归纳普适的操作规则，"解放"人员精力，使他们有更多时间处理复杂的问题。

在全链路压测中，SOP是非常常见和实用的运营管理手段，很多环节都可以用SOP来规范操作行为，降低实施风险。下面，我们看一个在全链路压测前期准备影子表的SOP。

线上影子表操作SOP

（1）需求人请在数据管理平台中的"数据表管理"—"创建影子表"模块找到相应的

工单模板，按要求填写基准表、迁移数据范围、脱敏和偏移规则等内容，单击“提交申请”按钮。

（2）需求人所在二级部门负责人和DBA将收到该申请的待审批电子邮件通知。

（3）所有审批人审批完毕后，需求人可在24h内的业务任意低峰期，在原有工单上单击“执行”按钮，正式开始创建工作，创建完成后会用电子邮件通知需求人。在创建前和创建完成后，请务必把创建的工作同步给NOC（Network Operations Center，网络运行中心）团队。

这个SOP清晰、简洁地描述了准备影子表的整个流程，将其中的关键点（如涉及的干系人、允许操作的时间段、操作完毕后的效果等）充分展示了出来。我们可以将全链路压测涉及的各项操作都整理成SOP，作为保障人员规范操作的重要指导。这基本上是一次性工作，我们仅仅需要投入极少的维护工作量。

在撰写SOP时，我们需要注意以下几点：

- SOP必须是在当前条件（如人力、财力、物力等）允许的范围内可以做到的；
- SOP应确保人人能看懂，且每个人的理解都相同，即没有歧义；
- SOP要保证一致性，任何人根据SOP操作都能达到相同的效果；
- SOP也需要维护和优化，而不是一成不变的。

3.2.3 常态化执行制度和容量问题分级规范

在全链路压测建设完成后，我们需要将其有效地运营起来，明确每个参与团队要做什么事，做这些事的规范是什么，做得不好的后果是什么，等等。这样才能将全链路压测的价值最大化。

这里推荐两项实践。首先，介绍全链路压测的常态化执行制度，它将全链路压测“视”为一种定期演练的工作。在常态化执行期间，核心链路的技术人员和运维人员必须在业务现场值守，其余技术人员可以远程值守。值守人员需要密切关注业务指标，如果出现服务可用性问题或资损问题，应及时通知压测团队，让其暂停压测。如果压测过程中出现服务容量瓶颈，我们有时会执行一些降级操作以观察效果，此时值守人员也应配合操作，如果由于未有效值守导致生产环境发生故障，需要承担连带责任。

其次，全链路压测能够暴露系统整体的容量隐患，但仅将问题暴露出来是不够的，我们需要确保这些问题得到重视和解决，才能真真正正地消除容量风险。因此，我们需要建立规范，要求相关人员及时解决全链路压测时发现的问题，这一规范被称为容量问题分级规范。

如表 3.2 所示，容量问题分级规范根据容量风险的严重程度划定不同级别，每个级别对应不同的解决时限要求，越严重的风险，越需要快速解决，或至少有临时措施。我们应定期统计问题解决的时长达标率，以此作为所有技术团队绩效考评的参考标准之一。

表 3.2 容量问题分级规范

	严重级别			
	S0（严重风险）	S1（高风险）	S2（中高风险）	S3（低风险）
需要解决的时间	问题暴露后次日高峰期前	问题暴露后 24h 内	问题暴露后 72h 内	问题暴露后 1 周内
维度（压测峰值期间）	超过半数的服务器 / 实例 CPU 利用率达到或超过 100%	超过半数的服务器 / 实例 CPU 利用率达到或超过 90%	超过半数的服务器 / 实例 CPU 利用率达到或超过 80%	少量（小于 50%）服务器 / 实例 CPU 利用率达到或超过 80%
	超过半数的服务器 / 实例内存使用率达到 100%	超过半数的服务器 / 实例内存使用率达到 90%	超过半数的服务器 / 实例内存使用率达到 80%	少量（小于 50%）服务器 / 实例内存使用率达到或超过 80%
	接口响应时间增加 200% 以上（相比高峰期）	接口响应时间增加 100% 以上（相比高峰期），但对业务有感	接口响应时间增加不到 100%（相比高峰期），但对业务有感	接口响应时间增加不到 100%（相比高峰期），但对业务轻微有感

续表

	严重级别			
	S0（严重风险）	S1（高风险）	S2（中高风险）	S3（低风险）
维度（压测峰值期间）	持续出现超过 1000 次 / 秒的异常	持续出现超过 500 次 / 秒的异常	持续出现超过 100 次 / 秒的异常	持续出现少于 100 次 / 秒的异常
	带宽占满（占用 100% 带宽）	带宽接近占满（占用超过 80% 带宽）	带宽存在隐患（占用超过 70% 带宽）	带宽存在其他轻微风险
	其他性能指标出现严重瓶颈，并可能影响业务	其他性能指标达到满负荷的 90%，并可能影响业务	其他性能指标达到满负荷的 80%，并可能影响业务	其他性能指标存在一定隐患，对业务影响轻微
	服务容量问题导致压测量无法达到目标值，差值大于或等于 50%	服务容量问题导致压测量无法达到目标值，差值小于 50%	服务容量问题导致压测量虽然达到目标值，但存在大量抖动	服务容量问题导致压测量虽然达到目标值，但存在少量抖动
	其他可能严重影响关键路径服务的隐患	其他可能部分影响关键路径服务的隐患	其他可能严重影响非关键路径服务的隐患	基本对业务无影响，但通过压测发现了问题

3.2.4 激励措施和竞争模式

我们再来介绍一下全链路压测的团队管理，这里分享两个实践方法：激励措施和竞争模式。

无论全链路压测团队以何种方式组织，激励措施（以及惩罚措施）都是必不可少的。正确的激励措施能够激发团队的动力和上进心，使工作产出最大化；适当的惩罚措施能够让团队及时纠正错误，在未来做得更好。

有一段时间，笔者为了鼓励各业务团队投身服务性能优化，避免用简单扩容的方法解决问题，推行了一个激励措施：如果一个业务团队中有一个服务通过性能优化手段能够减少一定的资源消耗，那么这部分节省下来的资源不会被回收，而是可以用到这个业务团队的其他服务中，甚至还可以把节省的部分资源作为对做出贡献的人的奖励。

这种共享资源配额的激励措施起到了立竿见影的效果，业务团队不再“纠缠”于基础设施团队为何不提供扩容资源，而是想尽办法“榨取”服务容量的可优化之处，以应对业务自然增长带来的服务资源压力。

定期组织一些“轻松诙谐”的活动，将奖惩措施融入其中，也是不错的团队激励措施。例如，举办“红、烂草莓”评选活动，根据团队负责的服务容量的表现情况，结合高等级评委的打分，评选出若干做得好的“红草莓”团队和做得差的“烂草莓”团队，在部门例会时，给做得好的团队颁奖。这样，做得好的团队能够获得高度的荣誉感，做得差的团队也能够有所警醒。

另一个实践方法是引入竞争模式。我们在各个业务域对核心容量指标进行横向对比，同时注意度量标准的公平性。例如，团队负责的是与CPU关系不密切的业务服务，如果以CPU利用率作为评判标准就有失公平性。

如果企业各个业务服务的特点相差较大，难以通过统一的容量指标进行度量和比较，我们建议先给予不同的业务服务一定的容量事故配额，在一个时间周期内按照线上发生的容量事故的个数和严重程度，进行相应的配额扣减，最终形成反映容量保障优劣的“容量健康分”，这个分值就是相对客观的度量标准，分值越接近配额的初始值，容量保障效果就越好。

善用激励措施和竞争模式，能够在团队内形成良性循环，将团队的战斗力更好地发挥出来。

3.3 中小型公司如何建设全链路压测

开始讲解本节的主要内容前，我们要明确一个前提，那就是中小型公司是否需要建设全链路压测，不少人觉得中小型公司建设全链路压测的必要性不大，理由如下：

- 公司规模不大，业务量也不大；
- 公司的业务不涉及大型活动，用户的流量波动不大；

- 公司用的是云基础设施，云提供者会负责容量安全；
- 公司技术团队人员少，首要任务是保证产品质量。

笔者的观点是，是否需要建设全链路压测，和公司“大”与“小”无关，与公司的业务形态和发展趋势等有关。

举一个例子，笔者服务过一家初创型的电商公司，该公司在早期，整个技术团队不超过 30 人，服务用的程序都是单体应用的架构，基础设施用的也是某互联网公司的云设施。这是一家典型的小公司，但随着业务的不断发展，业务高峰期间系统服务的压力越来越大，经常发生服务稳定性的问题，以至于该公司领导很快决定将全链路压测作为技术团队的首要任务。

如上所述，是否需要建设全链路压测，和公司的大小没有什么关系，而与公司的业务特点等有关。如果我们面对的是某企事业单位的内部系统，它的用户量和用户群体都比较稳定，业务场景几乎不变，虽然这个单位的人员规模很大，但建设全链路压测的意义也比较有限。相反，如果是面向外部用户的互联网系统，其业务场景有明显的流量峰值，那么再小的公司也一定有全链路压测的需求，只是具体做法和策略不同罢了。

明确了中小型公司建设全链路压测的必要性以后，我们再来看一个现实问题：如果公司规模不大，在全链路压测的建设工作中无法投入太大的成本，有没有经济实用的方法呢？答案是肯定的，下面我们分别从 4 个不同的角度具体展开讲解。

3.3.1　粗放式建设

在建设全链路压测过程中，需要实施的各项工作的投入和产出一般是成正比的，在投入有限的情况下，我们自然不可能做到面面俱到，此时就要抓大放小，去做那些性价比高的事情，适当牺牲一些细节，这就是粗放式建设的思维。

那么具体应该怎么做呢？或者说，哪些环节可以适当“粗放”一些呢？

假设我们暂时没有能力去统一压测所有的服务链路，数据隔离措施也不完善，那么可以先基于系统中一些“读”场景居多的链路进行单链路压测，再逐步扩大压测规模。如果进行单链路压测的能力也不具备，我们可以先进行基线容量测试；如果基线容量测试还没有能力去做，那么可以直接在生产环境的服务灰度发布阶段，通过将响应时间等指标数值与正常值进行同比，来发现容量隐患；发现问题后，可以先回滚服务，再对容量隐患进行排查，将系统修复后重新上线。

再看一个例子，假设我们没有能力建设完整的容量监控体系，那么在服务容量的观测方面也可以“粗放”一些，我们可以针对服务的各项容量指标划定一个警戒值，例如，CPU 利用率≥ 80%、响应时间“99 线”≥ 500ms、成功率≤ 95% 等，超过警戒值后，容量监控系统直接发出告警。实际上，绝大多数线上容量问题都可以通过这些指标数值的简单对比在第一时间发现，这种操作的性价比很高。那些显示为趋势型的指标监控，以及带有业务语义的指标监控，实现的成本高，还要理解业务逻辑，我们就可以把它们放在次要位置。

粗放式建设并不是无谓地放弃一些工作，而是有策略地选择性价比高的“重点”去优先保障，以较低的成本解决最高的容量风险，待企业有了足够的资源和技术实力，再去逐步实现全链路压测的目标。

3.3.2 善用云服务商的收费机制

部分企业对全链路压测的建设望而却步的一个重要原因是，它的准确性和成本是正相关的，往往需要很大的投入，才能带来足够的准确性。那么，有没有办法让我们在无法达到很高的准确性时，尽可能保证服务的容量安全呢？其实，各云服务商均提供了一些机制，能够帮助我们达到这一目标，而且对业务服务几乎没有侵入性。

例如，阿里云提供了“停机不收费”的服务，通过计算力与存储分离的方式，可以将指定的计算资源在需要的时间段释放，同时保留存储内容，下次开机（即恢复计算力）时可以继续使用。这就相当于在低峰期对服务进行缩容，我们所要做的，仅仅是评估出在低峰期缩减多少资源比较安全，这个评估成本不高，因为不需要很精确的指标，而且可以通过演练验证要求的资源。

那么，如果遇到大的促销活动，在成本有限且无法实施完整的全链路压测以得到精确的系统整体容量时，我们又不想提前冗余大量的服务资源，此时有什么好办法吗？

正如我们在 1.3 节中所提到的，云服务商提供了弹性伸缩的功能，通过设置伸缩规则，在业务流量增长时自动增加实例，以保证计算力充足，反之则自动缩减实例。弹性伸缩是可以计量收费的，换言之，弹性伸缩机制本身不会收费，只有实际创建的实例才会收费。

弹性伸缩机制对成本的控制主要体现在，它将一部分因容量评估不准确所带来的潜在风险，用云基础设施的能力来承载。这有点像买保险，用一个大池子来分摊个体风险，对个体来说，只需要支出很少的费用，就能获得较大的保障。

3.3.3 用好开源工具

很多公司都在通过开源的方式宣传和完善它们的产品。用好开源工具，不但能节省开发成本，还能推动行业发展。

在全链路压测的工作中，很多环节都是可以利用开源工具实施的。典型的例子之一是，全链路压测的执行可以使用 JMeter 来完成，这是一个开源压测工具，其功能非常丰富，支持插件扩展，即使它的 BIO 施压方式较为陈旧，对资源消耗较大，但在并发量不高的情况下，这部分的劣势其实并不明显。而 JMeter 强大的可扩展性，结合开源社区的支持，能够极大地降低使用者的成本。

容量指标观测也可以借助开源工具完成，常见的工具有 Prometheus、Grafana 等。

当然，开源工具的特点决定了它不太可能快速支持一些特殊的定制化压测需求，如果这种定制化压测需求是团队的刚需，那么建议基于开源工具进行二次开发，相比于完全重新开发一个工具，这种开发带来的价值高，效率显著。

3.3.4 购买解决方案

如果企业的业务不是特别敏感的话，将全链路压测工作外包，也不失为一种简单的方法。大型云服务商和一些专业的独立咨询机构都提供类似的服务，这类机构会有专属团队帮助分析容量现状、实施全链路压测、交付验收。

不过，如果企业的业务流量有明显的常态峰谷特征，那么全链路压测就是需要长期进行的常态化工作。在这种情况下，笔者就不太建议购买机构提供的解决方案了。因为要保障系统容量安全的可持续性，所有技术人员都必须具备良好的容量意识，例如，在架构设计时就要考虑减少容量瓶颈，在编写代码时就要考虑到高性能，而容量意识是技术团队在实战中培养出来的，这是购买解决方案所无法带来的。

3.4 本章小结

全链路压测作为一个需要多角色参与的工作，其组织保障必不可少。本章讨论了全链路压测的组织保障工作，并给出了一些运营的最佳实践。同时，针对中小型公司，本章也给出了一些可落地的建议。

- 全链路压测需要有团队来实施和统筹，这个团队最大的价值在于通过自身的“输出”（如工具、流程、规范等）来推动全链路压测的落地，继而提升企业整体的容量保障水平。

- 集中式组织最大的优势在于标准化，最大的劣势在于脱离一线，因此需要扬长避短。

- 是否有必要建立一个集中式的专项测试团队来实施全链路压测，是需要根据业务发展的阶段做判断的。

- Program 机制为公共团队推动技术改造项目提供了强有力的支撑，它可以动态平衡业务实现与技术改造之间的关系。
- 善用激励措施和竞争模式，能够在团队内形成良性循环，将团队的战斗力更好地发挥出来。

第 4 章　全链路压测的工具建设

全链路压测的成功实施，工具的作用从来都不是决定性的，但始终是不可或缺的。

合适的工具对于我们实施的全链路压测工作效率的提升是至关重要的。市面上与全链路压测有关的开源工具虽然不是非常丰富，但也有一些不错的工具。除了选择这些工具，企业还可以选择自研工具或基于开源工具做二次开发。

本章我们首先介绍与全链路压测相关的主流开源工具及其特点。接下来我们将进一步介绍一些自研工具的实现方案和原理，将这些工具作为企业定制化需求的有力补充。最后，我们将介绍前沿的无人值守全链路压测的技术方案，对于已经成功实施全链路压测的团队，这是一个富有潜力的发展方向。通过这些内容，我们从简单到复杂，由浅入深地对全链路压测的工具与技术进行全面剖析。

4.1 优秀开源工具精粹

我们身处开源的时代，开源给了我们更多的选择。即便在团队技术能力和资源充足的情况下，使用开源工具或基于开源工具进行二次开发，依然是不少企业工具建设的首选，因为这样做更快速，成本也更低。我们发现，很多互联网公司在工具建设上都是遵循这个思路的，例如京东的全链路压测“军演”系统 ForceBot 的第一代是基于 nGrinder 定制的，奇虎 360 的性能云测平台是基于 JMeter 定制的，等等。

全链路压测实施的不同阶段需要引入不同类型的工具，下面我们分别对链路追踪工具、流量构造工具和容量监控工具的技术原理进行总结，并对它们的特点进行概括和对比，以便读者更好地进行工具选型。我们将专注于讲解工具原理并对比同类工具的特点，避免赘述工具的接入和使用细节。

4.1.1 链路追踪工具

链路追踪工具可以帮助我们更好地梳理全链路压测的链路信息，对排障和根因分析也很有帮助。目前，大多数分布式链路追踪工具的设计思路都来自 Google 的 Dapper 论文。具体来说，我们需要给系统的每个入口请求分配一个唯一的 traceId（用于标识某一次具体的请求 ID，又称 requestId），这个 traceId 会贯穿请求处理过程中涉及的所有服务，因此它可以用来唯一标识一条请求链路。同时，每个服务或线程都拥有一个属于自己的 spanId，用来代表请求处理的一个步骤，traceId 和 spanId 可以是 1 对 1 或 1 对多的关系。每个服务或线程还拥有一个 parentId，用来表示服务或线程调用之间的父子关系。图 4.1 展示了这些 ID 在请求链路中的变化情况。

了解了原理以后，我们列举一些业界主流的开源链路追踪工具。

- Zipkin：这是 Twitter 开源的工具，基于 Spring Cloud Sleuth 开发，得到了广泛的应用，容易上手。
- Pinpoint：由 NAVER 开源的工具，其功能和应用都“中规中矩”，只支持 Java 语言。
- SkyWalking：国内企业开源的工具，无代码侵入，功能完善，性能好。
- CAT：国内企业开源的工具，甚至一度成为国内链路追踪工具的事实标准，功能完善。

我们通过表 4.1 对上述主流开源链路追踪工具进行对比。

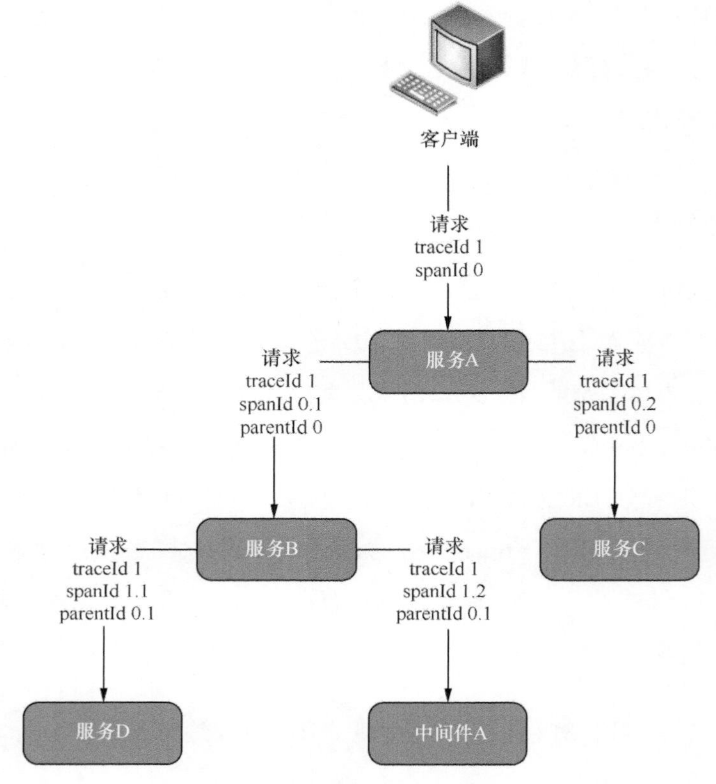

图 4.1　各 ID 在请求链路中的变化情况

表 4.1　主流开源链路追踪工具对比情况

对比项	链路追踪工具			
	Zipkin	Pinpoint	SkyWalking	CAT
实现方式	请求拦截	Java 探针，字节码增强	Java 探针，字节码增强	代码埋点
接入方式	基于 Sleuth	Java Agent	Java Agent	代码侵入
传输协议	HTTP、MQ	Thrift、gRPC	gRPC	HTTP
追踪粒度	接口级	代码级	方法级	代码级
trace 查询	支持	不支持	支持	不支持
报警	不支持	支持	支持	支持
UI	简略	易用	尚可	陈旧
元数据存储	ES、MySQL、Cassandra	HBase、MySQL	ES、H2、TiDB	MySQL、HDFS
OpenTracing	支持	不支持	支持	不支持
文档支持	完善	完善	完善	较陈旧

4.1.2 流量构造工具

我们在前文提及过一些开源的压测流量构造工具，包括 JMeter、nGrinder、Gatling、Locust 等，这些工具在行业内被广泛使用，都是非常成熟的工具，读者可以参照表 4.2 进行选用。

表 4.2 主流开源流量构造工具对比

工具	实现语言	部署方式	施压方式	分布式压测	社区活跃度	脚本编写形式	可扩展性
JMeter	Java	C/S	BIO	支持	非常活跃	所见即所得，亦可通过插件录制	支持通过插件扩展
nGrinder	Java/Python	B/S	未知	支持	不活跃	使用 Jython / Groovy 编码，可通过插件录制	支持通过插件扩展
Gatling	Scala	C/S	AIO	支持	较活跃	DSL 形式，亦支持录制，支持通过 HAR 文件生成脚本	支持通过插件扩展
Locust	Python	C/S 和 B/S	事件驱动	支持	较活跃	Python 脚本	通过 Python 脚本扩展

压测流量构造还能以流量录制回放的形式进行，我们推荐使用的开源工具是 GoReplay，这是一款基于 TCP/IP 层引流的流量录制回放工具，使用 Go 语言编写，功能非常强大，它不仅具备流量录制回放的基本功能，还提供众多附加功能，包括：

- 支持流量的放大和缩小，相当于控制压测量；
- 支持根据正则表达式过滤流量，以便单独压测某个（些）服务；
- 支持修改 HTTP 请求头，如替换 User-Agent、增加某些 HTTP 请求头等，这样可以方便我们对流量进行加工；
- 可以将请求记录到文件中，便于异步回放；
- 支持与外部系统集成，如与 Elasticsearch 集成，存入流量并进行实时分析。

GoReplay 的帮助文档比较丰富，社区支持力度也很大，是一个口碑较好的开源工具。

4.1.3 容量监控工具

容量监控工具作为全链路压测的“眼睛”，其重要性不言而喻。容量监控工具一般包含以下功能。

- 数据采集：支持多种采集方式，包括日志埋点采集、JMX 标准接口采集、通过外部接口采集、系统命令行采集、SDK 采集等。
- 数据传输：将采集的数据以 TCP、UDP 或者 HTTP 的形式上报给监控系统，上报的方式可以是主动 Push（推）模式，也可以是被动 Pull（拉）模式。
- 数据存储：采用关系数据库（如 MySQL）和时序数据库（如 InfluxDB、RRDtool）进行数据存储的方案比较常见，还有采用 HBase 等非关系数据库的存储方案。
- 数据展示：提供数据指标的图形化展示界面，方便测试人员查看和操作。
- 监控告警：提供告警设置功能，支持多种渠道（如电子邮件、短信等）触达目标人员。

下面，我们介绍 3 款使用广泛的容量监控工具，以及它们的技术原理和优劣势。

1. Zabbix

Zabbix 是容量监控工具中的优秀代表，其监控功能全面，应用广泛。Zabbix 的架构设计如图 4.2 所示，其中，Zabbix Server 负责接收其 Zabbix Proxy 发送的监控数据，并提供数据聚合和告警功能；Zabbix Proxy 是分布式监控的可选组件，用来减轻 Zabbix Server 的压力；Zabbix Agentd 是部署在被监控主机上的代理，负责采集数据。所有的元数据会被保存到 MySQL 等数据库中。

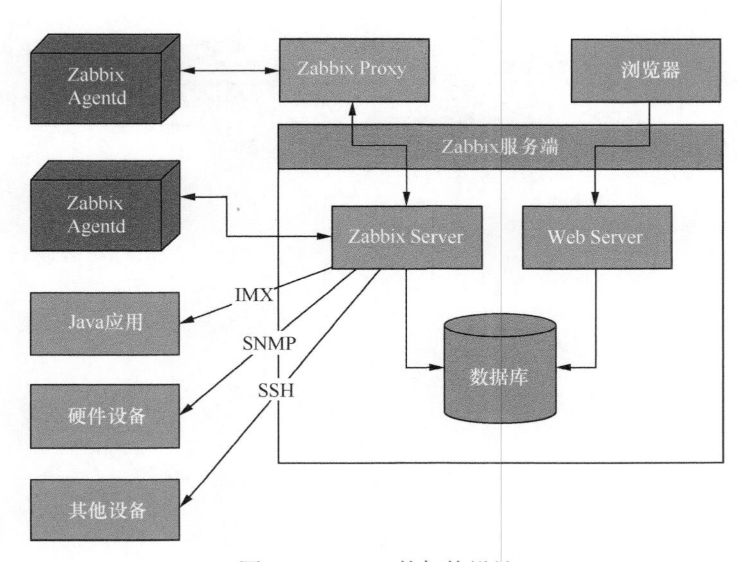

图 4.2 Zabbix 的架构设计

Zabbix 的优势在于功能全面，它支持多种数据采集方式（如 SNMP、IMX、SSH 等），扩展性很强。Zabbix 的劣势在于数据模型不够强大，难以提供多维度的指标聚合功能，此外，Zabbix 是使用 C 语言开发的，对其进行二次开发有一定的难度。

2. Open-Falcon

Open-Falcon 是小米公司于 2015 年开源的工具，在国内有较高的流行度。Open-Falcon 的架构设计如图 4.3 所示，其中，Falcon-agent 部署在被监控的主机上，负责采集数据；Transfer 负责将数据分发到各个组件上；Graph 是数据存储组件，它基于时序数据库进行优化，支持高效读写；Judge 和 Alarm 用于告警，能够将告警信息推送至各个渠道；API 面向终端用户，提供各种查询功能。

Open-Falcon 的优势有很多，其指标采集功能非常强大，支持 200 多种基础指标。在数据模型方面，Open-Falcon 引入了 Tag，支持多维度的指标聚合和告警规则。同时，Open-Falcon 的存储能力也很好，它通过一致性哈希算法进行数据分片，构建分布式的时序数据存储系统，可扩展性很强。

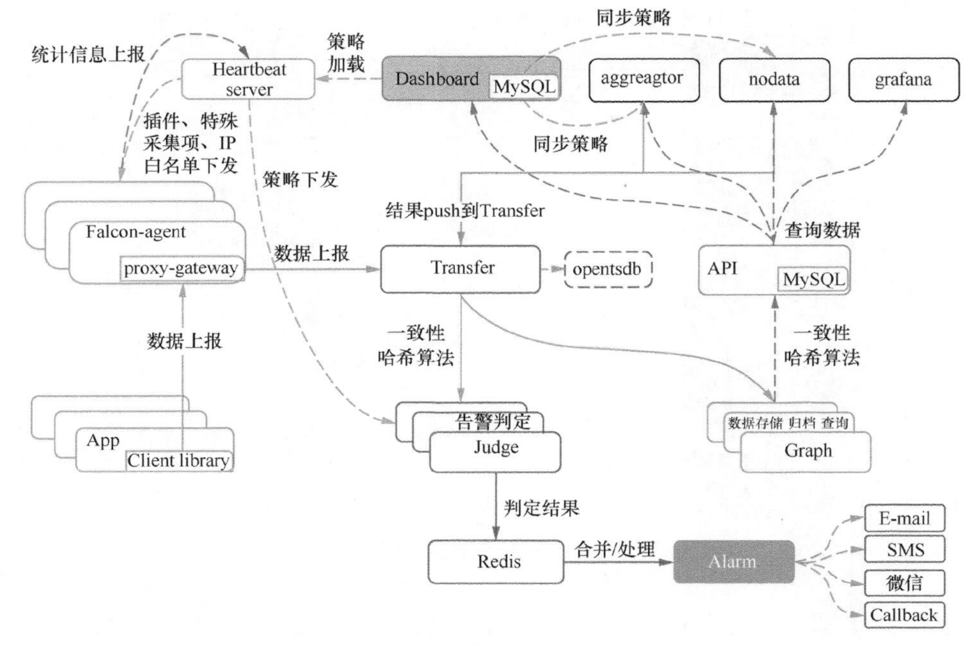

图 4.3 Open-Falcon 的架构设计

注：为了和本工具的说明保持一致，图中英文没有翻译。

Open-Falcon 的劣势是比较复杂，导致使用门槛略高，安装也比较复杂。

3. Prometheus

Prometheus 是由前 Google 员工设计和开源的工具，于 2016 年加入了云原生计算基金会，被誉为“下一代监控系统”，其前景备受关注。

Prometheus 的架构设计如图 4.4 所示，其中，Prometheus Server 用来收集和存储监控数据，这些数据被存储至时序数据库中；Exporter 用来采集数据，Prometheus 是基于 Pull 模式采集数据的，这一点与其他监控工具有所区别；Push Gateway 主要用来处理瞬时任务（Short-lived job），防止 Prometheus Server 在 Pull 数据之前这些瞬时任务就已经执行完毕，这些任务以 Push 模式将监控数据主动汇报给 Push Gateway，Push Gateway 会将数据缓存起来进行中转；Alert Manager 用来处理告警消息；Web UI 提供了一个控制台，供用户查询信息，Prometheus 也可以与 Grafana 结合，提供更为强大的信息查询和展示功能。

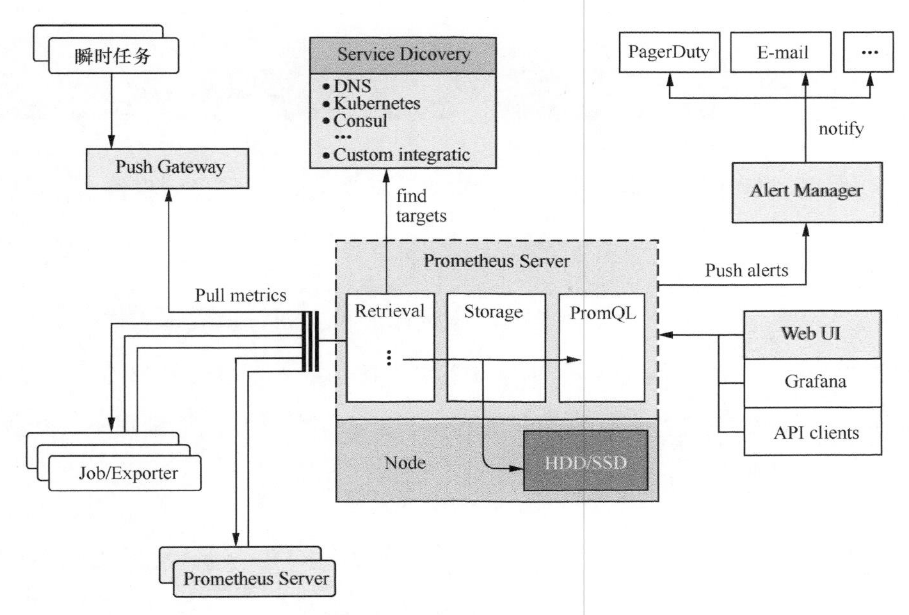

图 4.4　Prometheus 的架构设计

注：为了和本架构的说明保持一致，图中英文没有翻译。

Prometheus 的优势在于架构轻盈，不依赖于外部存储，单个服务器节点便可工作，且依然具备较强的处理能力。此外，Kubernetes 和 etcd 等项目都提供了对 Prometheus 的原生支持，这使得 Prometheus 成为目前容器监控最流行的工具之一。

Prometheus 的劣势在于它的极简化设计，用它进行集群化比较困难，需要其他方案的支持。此外，由于 Prometheus 采用 Pull 模式采集数据，虽然简洁，但对网络可达性的要求较高，容易出现丢数据的情况。

我们将以上 3 款开源容量监控工具进行对比，如表 4.3 所示。

表 4.3　主流开源容量监控工具的对比

容量监控工具	对比					
	开发语言	扩展性	性能	容器支持度	维护成本	社区活跃度
Zabbix	C、PHP	高	中	低	中	中
Open-Falcon	Go	中	高	中	高	高
Prometheus	Go	高	高	高	低	高

4.2 分布式压测平台建设

我们在 4.1 节讲解了全链路压测涉及的常用开源工具，本节我们将讲解自研的全链路压测工具。

互联网公司发展到一定阶段，随着其组织规模的扩大和管理成本的增加，对于工具的需求也会发生转变，逐渐从满足少量通用功能的工具，转变为适配复杂的定制化功能，以及适配多系统的联动的工具。在这一转变过程中，开源工具的功能逐渐跟不上企业的发展。图 4.5 展示了开源工具的 4 个劣势。

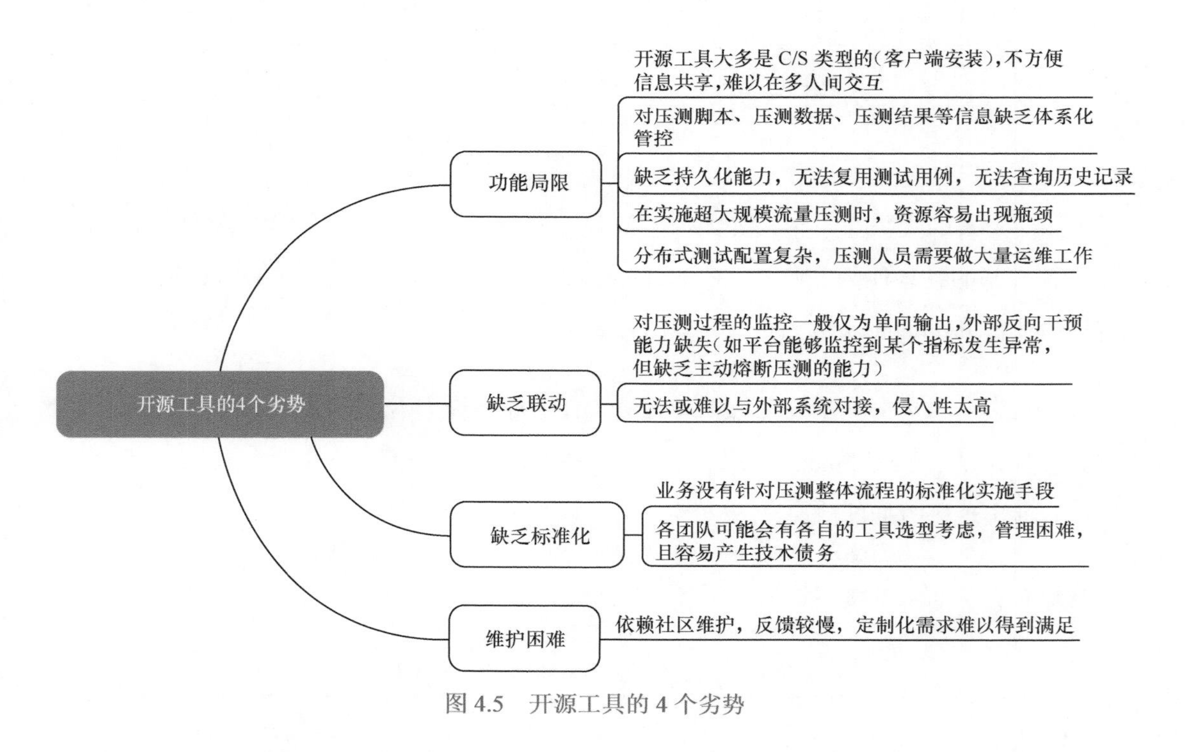

图 4.5 开源工具的 4 个劣势

通过对这些劣势进行分析，我们可以梳理出自研工具需要满足的三大需求。

- 平台化：企业需要一个平台化的压测工具，各个团队都可以在这个平台上协作，而开源工具大多是 C/S（Client/Server，客户 - 服务器）类型的，缺乏平台化支持。

- 标准化：企业需要一个统一的标准化压测平台，最好能够和企业的审批流程、管理平台等集成，而开源工具在这方面的扩展性一般不强。
- 可维护性：虽然开源工具由社区维护，成本较低，但开源工具自身的运营特点决定了它对于新需求的反馈较慢。如果企业的定制化需求较多，就需要将工具开发和维护的工作进行自我管理。

值得一提的是，使用满足以上需求的自研工具并不意味着我们一定要抛弃开源工具，恰恰相反，应将开源工具中的成熟功能用在最稳定的需求实现上，而在定制化的需求上采用自研工具来实现，这样能够兼顾成本和收益，起到更好的效果。

本节我们将要介绍的分布式压测平台是基于开源工具 JMeter 实现的，它结合了 JMeter 的一些成熟功能。目前，该平台已经在某互联网公司使用了超过 5 年，能够支撑近百万压测并发量，累计输出近 4000 亿次请求，管理近 600 台压测机，没有出现明显瓶颈。这些成效究竟是如何取得的，下面我们来一探究竟吧。

4.2.1 架构设计

架构设计方案来自系统的功能需求，我们将分布式压测平台需要实现的功能细分为以下几个方面。

- 用例管理：用户建立测试用例，其中包含压测脚本文件、压测数据文件、压测插件等，平台对这些测试用例进行分类管理并持久化。
- 压测执行：一键触发测试用例，用户可指定各种运行参数，可指定多台压测机分布式执行测试用例，可批量执行多个测试用例，且在压测过程中能够动态调节压测量。

- 实时数据（热数据）：在压测过程中，平台能够实时展示响应时间、吞吐量、错误率等概要数据，由于这些数据都是在压测时需要高频关注的，我们将其称为“热数据”。
- 异步数据（冷数据）：在压测结束后，平台能够展示平均响应时间、平均吞吐量、90/95/99线等详细数据，这部分数据主要供用户压测后的分析工作使用，可以异步获取，因此称为“冷数据”。
- 压测集群管理：平台能够与压测集群进行交互，以调度压测机完成各项压测工作。
- 安全保障：平台应具备监控机制，对压测过程中出现的一些异常情况有能力进行干预。

我们建设分布式压测平台的理念是“取其精华，去其糟粕”，即尽可能复用已有开源工具的成熟功能，因为这部分功能相对稳定，不需要重复“造轮子”；对开源工具不成熟的功能应当规避使用，在分布式压测平台中重新实现这些功能；对开源工具不具备的功能，则完全在分布式压测平台中自主实现。

图4.6所示为分布式压测平台的顶层架构设计。该平台是典型的Java Web项目，其本身不执行压测，只负责调度压测集群，避免成为施压的瓶颈。分布式压测平台会对压测集群中挂载的压测机进行心跳检测，确保压测机始终是可用的。测试用例的参数和基本信息都存储在MongoDB中，用例文件和数据文件存储在本地服务器，或者采用MinIO实现高可用的文件对象存储。压测期间产生的冷数据经聚合后持久化至数据库（MongoDB）中，热数据持久化至时序数据库（InfluxDB）中并定期清理。平台允许挂载外部监控模块，对压测过程进行干预。

特别值得注意的是，我们在使用JMeter进行压测时，如果并发量很大，单台压测机的资源配置可能无法支撑，此时需要联合多台压测机进行分布式压测，然而JMeter自身的分布式压测功能是有一定缺陷的，体现在以下几个方面：

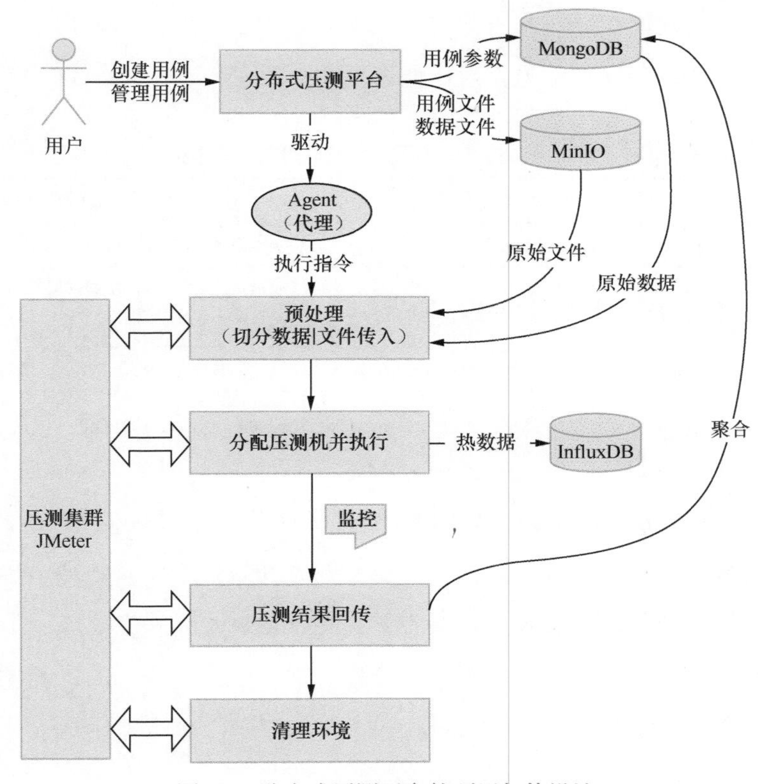

图 4.6　分布式压测平台的顶层架构设计

- JMeter 的分布式压测和单机压测的执行方式差异较大，需要做很多额外配置，因此会提高运维成本；
- JMeter 采用分布式执行模式，master 节点通常不参与压测，而是收集 slave 节点的压测信息，这在一定程度上造成了资源浪费；
- JMeter 采用分布式执行模式，slave 节点会将每个请求打点都实时回传给 master 节点，造成大量的带宽消耗。

前面我们提到过，对开源工具不成熟的功能应当规避使用，在分布式压测平台中重新实现。针对分布式压测功能，我们的具体做法是在每台压测机中植入一个 Agent，Agent 通过长连接的方式与分布式压测平台服务器建立通信，这样平台就可以直接对压测机进行调度。基于这项功能，我们在分布式压测平台上重新实现了分布式压测功能。它的实现方案与 JMeter 分布式压测功能实现的方案对比如表 4.4 所示。

表 4.4　分布式压测功能实现的方案对比

功能	JMeter 实现	分布式压测平台实现
压测脚本分发	master 节点进行分发	平台服务器统一分发
数据文件分发	用户自行上传至每台压测机	通过 Agent 从 MinIO 统一获取，可根据压测机数量切分数据
压测结果回传	各 slave 节点将请求实时回传至 master 节点	异步回传至平台服务器，统一聚合后入库
节点 Failover（容错）策略	统一配置重试	自动 Failover + 人工重试

此外，Agent 同时发挥了为分布式压测平台服务器分担压力的作用，如图 4.7 所示，凡是在压测机上能够闭环完成的工作，如拉取压测脚本和文件、实时数据上传、重置压测机环境、监控压测机资源状态、缓存数据文件等，全部由 Agent 独立完成，不需要与分布式压测平台服务器交互，仅需上报结果即可。这样就形成了去中心化的压测模式，它的可扩展性非常强，理论上支持的 TPS 没有上限。

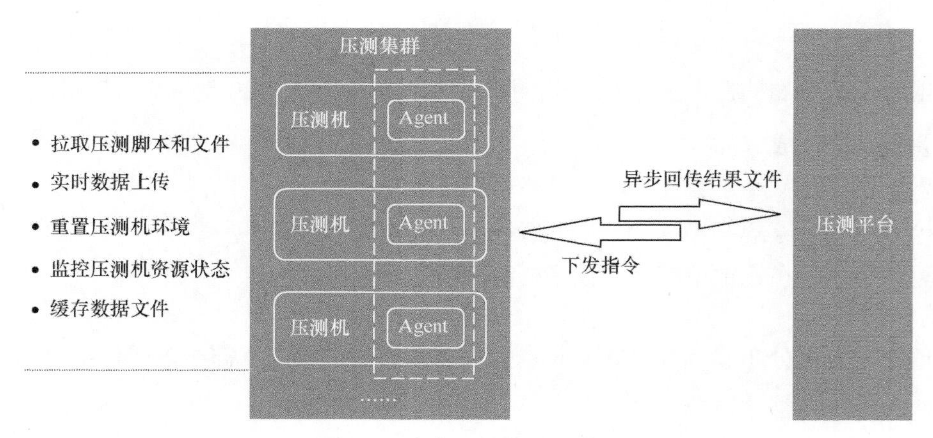

图 4.7　去中心化的压测模式

接下来，我们对分布式压测平台核心功能的实现方案和原理展开讲解，讲解过程中不会限定编程语言和前后端框架，读者可以选择擅长的编程语言及前后端框架来实现这些功能。

4.2.2 压测状态流转

压测状态流转是分布式压测平台管理全链路压测工作的核心环节。每一轮全链路压测工作都会经历一个完整的压测生命周期，如图 4.8 所示。

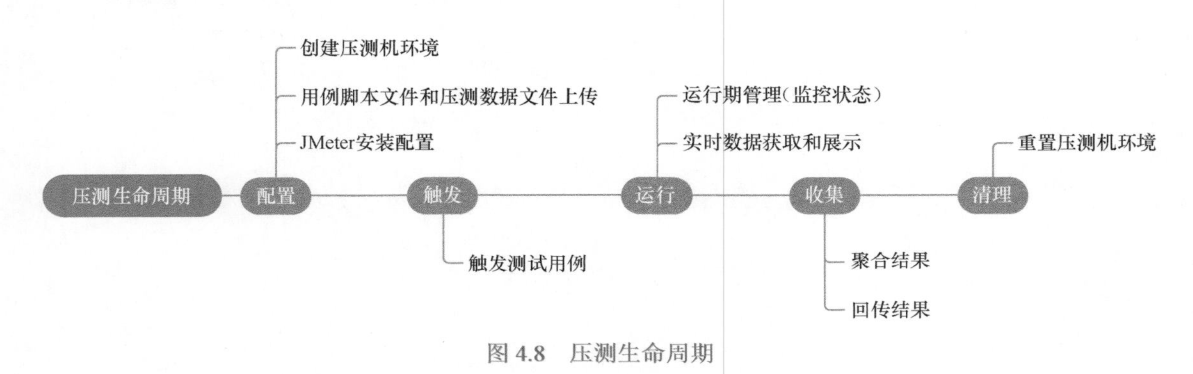

图 4.8 压测生命周期

其中，我们将配置、触发、运行、收集、清理定义为五大内部行为（由平台内部逻辑进行管控），这五大内部行为都会改变全链路压测的状态。同时，平台还允许借助一些外部行为去干预压测工作，例如，在运行过程中人为终止压测，外挂的监控组件判断异常后主动熔断压测，等等。我们可以通过表 4.5 直观地理解各大行为对压测状态的影响，以及对应的后续行为。

表 4.5 五大内部行为的状态变换

状态	变换条件	变换后状态	后续行为
配置中（BOOTING）	配置完成	触发中（LAUNCHING）	触发
配置中（BOOTING）	配置错误	配置失败（BOOTERROR）	清理
触发中（LAUNCHING）	触发完成	运行中（RUNNING）	运行
触发中（LAUNCHING）	触发错误	触发失败（LAUNCHERROR）	清理
运行中（RUNNING）	运行完成	正常（NORMAL）	收集
运行中（RUNNING）	运行错误	失败（FAILURE）	收集
运行中（RUNNING）	手动停止	停止（STOP）	收集
运行中（RUNNING）	自动熔断	熔断（FUSE）	收集

注：收集结束后自动执行清理行为，不变更状态。

为了更直观地展示状态变换情况，我们将上述状态变换的变换条件和变换过程绘制成状态流转图，如图 4.9 所示。分布式压测平台对压测状态的管理，就是通过代码实现图 4.9 所示的所有逻辑。其中的关键点是，无论压测流程进入哪个分支（正常或异常），最后都要能形成闭环（即一次压测从起点开始最终一定要抵达终点），这对系统的健壮性要求非常高。如果压测流程阻塞在任何中间状态，本质上都意味着平台对其失去了控制，全链路压测产生的信息将会丢失。

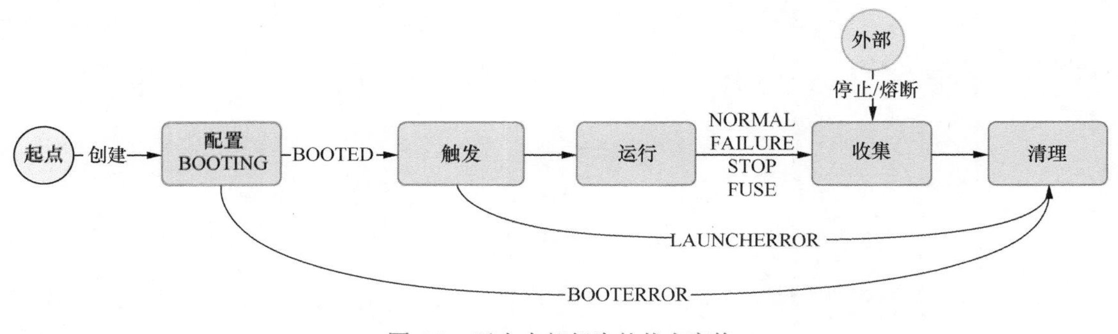

图 4.9　五大内部行为的状态变换

4.2.3　实时数据（热数据）

上面我们讲解了压测状态流转的实现逻辑，其中在“运行中”状态下，我们需要获取全链路压测产生的实时数据，以便实时观察系统在压测时的状态。

遗憾的是，JMeter 本身并不提供图形化的实时数据展示功能，我们只能通过它的输出日志查看一些原始信息，或引入外部插件以满足部分观测需求。更好的方案是重新实现实时数据的展示功能，我们推荐的做法是通过 JMeter 的 Backend Listener 将压测结果实时发往分布式时序数据库 InfluxDB，全链路压测平台通过向 InfluxDB 轮询数据，生成实时曲线并展示给用户。当然，也可以直接基于流行的开源数据可视化系统 Grafana 来实现数据展示，它也支持 InfluxDB 数据源。

笔者在 2017 年为 JMeter 贡献了基于 UDP 与 InfluxDB 传输数据的 Backend Listener，

比起当时官方支持的 HTTP，其数据传输效率更高，是 JMeter 3.3 的核心改进项。目前，所有 JMeter 3.3 以上版本都默认附带了这一基于 UDP 与 InfluxDB 传输数据的 Backend Listener，如图 4.10 所示。

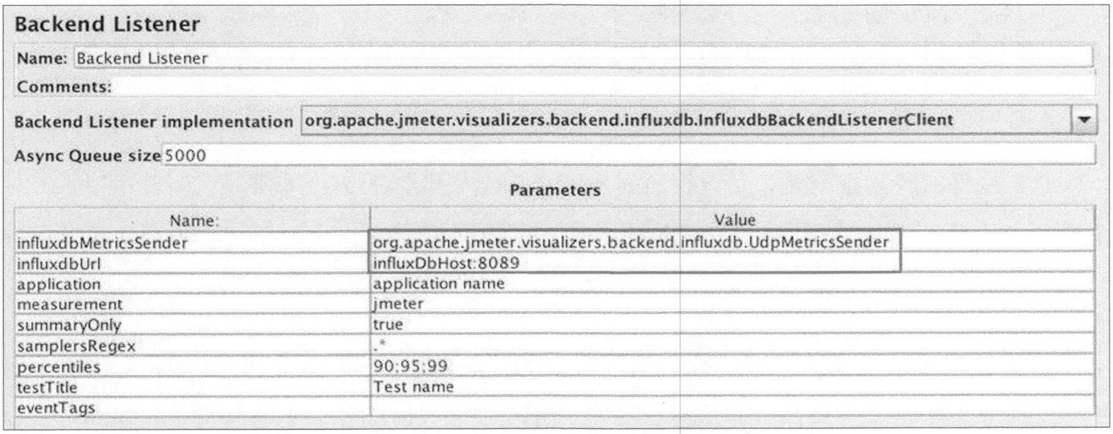
Backend Listener
Name: Backend Listener
Comments:
Backend Listener implementation org.apache.jmeter.visualizers.backend.influxdb.InfluxdbBackendListenerClient
Async Queue size 5000
Parameters
Name:
Value
influxdbMetricsSender
org.apache.jmeter.visualizers.backend.influxdb.UdpMetricsSender
influxdbUrl
influxDbHost:8089
application
application name
measurement
jmeter
summaryOnly
true
samplersRegex
.*
percentiles
90;95;99
testTitle
Test name
eventTags

图 4.10　基于 UDP 与 InfluxDB 传输数据的 Backend Listener

4.2.4 异步数据（冷数据）

实时数据强调“快”，能够实时反映系统压测时的状态，而异步数据更强调“全”，能够完整地记录系统在压测过程中的每一项指标，以更好地助力我们对压测结果进行分析。

由于分布式压测平台采用了去中心化的实现方式，因此在获取每台压测机的结果文件后，平台也需要自行对这些结果文件的内容进行合并和解析，并持久化记录下来。这里的结果文件其实就是全链路压测生成的 JTL 文件。我们先来看一看 JTL 文件的一个片段，如下所示。

```
timeStamp,elapsed,label,responseCode,responseMessage,threadName,dataType,success,failureMessage,bytes,sentBytes,grpThreads,allThreads,URL,Latency,IdleTime,Connect
1617696530005,81,HTTP 请求,200,OK,线程组 1-1,text,true,,2497,118,1,1,http://www.baidu.com/,78,0,43
1617696530088,32,HTTP 请求,200,OK,线程组 1-1,text,true,,2497,118,1,1,http://www.baidu.com/,32,0,0
1617696530120,32,HTTP 请求,200,OK,线程组 1-1,text,true,,2497,118,1,1,http://www.baidu.com/,32,0,0
```

```
1617696530152,32,HTTP 请求,200,OK,线程组 1-1,text,true,,2497,118,1,1,http://www.baidu.com/,32,0,0
1617696530184,31,HTTP 请求,200,OK,线程组 1-1,text,true,,2497,118,1,1,http://www.baidu.com/,31,0,0
1617696530216,31,HTTP 请求,200,OK,线程组 1-1,text,true,,2497,118,1,1,http://www.baidu.com/,31,0,0
1617696530248,31,HTTP 请求,200,OK,线程组 1-1,text,true,,2497,118,1,1,http://www.baidu.com/,31,0,0
1617696530280,31,HTTP 请求,200,OK,线程组 1-1,text,true,,2497,118,1,1,http://www.baidu.com/,31,0,0
1617696530312,31,HTTP 请求,200,OK,线程组 1-1,text,true,,2497,118,1,1,http://www.baidu.com/,31,0,0
1617696530343,32,HTTP 请求,200,OK,线程组 1-1,text,true,,2497,118,1,1,http://www.baidu.com/,31,0,0
1617696530375,32,HTTP 请求,200,OK,线程组 1-1,text,true,,2497,118,1,1,http://www.baidu.com/,32,0,0
```

JTL 文件的特点很鲜明，每一行所对应的单条结果数据的大小非常小，但总量很大（可能有几万到几百万条）。如果我们只是简单地将所有数据存储起来，那么会占用大量的存储空间，因此结果数据需要做预聚合再存入数据库。

以下代码展示了预聚合后的数据结构，它的核心是以 label（JTL 中的 label）作为大分类，以维度（如 errorMsg、errorCode 等）作为小分类，以时间作为聚合标准，间隔固定（默认固定聚合为 60 个点），从而保证存储空间不会过大，又能够全面汇总数据。

```
{
    "label": "upload", -- 大分类，比如这条记录只针对 upload label
    "totalCount": 428,
    "totalErrorCount": 12,
    "errorMsg": [ -- 维度字段，作为小分类
        {
            "msg": "io.exception",
            "count": 12
        },... -- 固定聚合成 60 个点
    ],
    "errorCode": [
        {
            "code": "404",
            "count": 12
        },...
    ],
    "count": [ 12, …, 15 ],
    "error": [ 12, …, 15 ],
```

```
        "rt": [ 12, …, 15 ],
        "minRt": [ 12, …, 15 ],
        "maxRt": [ 12, …, 15 ]
    }
```

4.2.5 吞吐量限制与动态调节

在进行全链路压测时，“控量”是非常重要的。JMeter 是根据线程数大小来控制压力强弱的，但我们制定的压测目标往往是以吞吐量（QPS/TPS）呈现的，这就给压测人员带来了不便——一边调整线程数，一边观察 QPS/TPS 达到了什么量级。

为了解决这个问题，JMeter 提供了吞吐量控制器插件，我们可以通过控制器设定吞吐量上限来限制 QPS/TPS，以达到控量的效果。JMeter 的吞吐量控制器如图 4.11 所示。

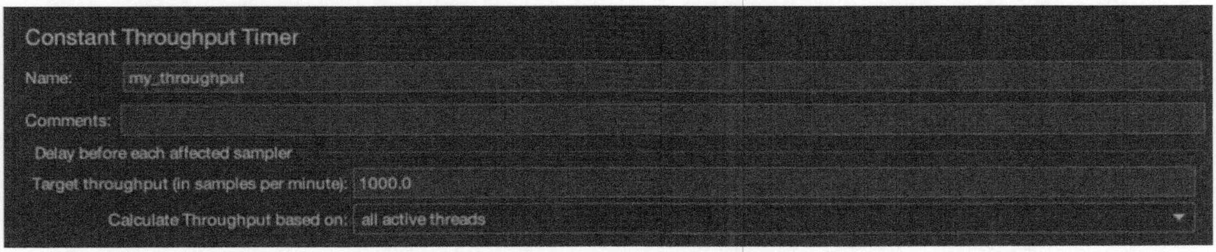

Constant Throughput Timer
Name: my_throughput
Comments:
Delay before each affected sampler
Target throughput (in samples per minute): 1000.0
Calculate Throughput based on: all active threads

图 4.11　JMeter 的吞吐量控制器

这种做法能够确保将吞吐量控制在一个固定值上，但这样还远远不够，实际工作中我们希望在每次全链路压测执行期间能够随时调节吞吐量。例如，在某个压力下服务容量没有问题，我们希望在不停止全链路压测的情况下再加一些压力，这样的功能该如何实现呢？

我们提供的方案依然是基于吞吐量控制器实现的。如图 4.12 所示，它的原理是将吞吐量限制值设置为占位符（图 4.12 中的 throughput 就是占位符），利用 JMeter 的 BeanShell 功能，通过执行外部命令，在全链路压测执行时注入具体值，达到动态调节吞吐量的目的。

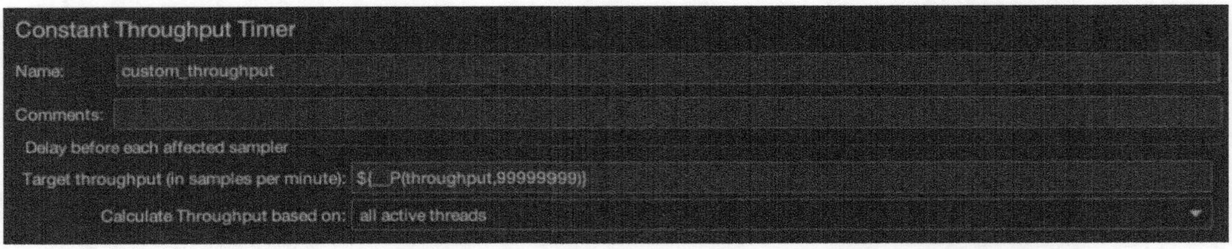

Constant Throughput Timer
Name: custom_throughput
Comments:
Delay before each affected sampler
Target throughput (in samples per minute): ${__P(throughput,99999999)}
Calculate Throughput based on: all active threads

图 4.12　以占位符形式填入吞吐量限制值的吞吐量控制器

上面提到的外部命令具体为：

```
java -jar <jmeter_path>/lib/bshclient.jar localhost 9000 update.bsh <qps>
```

其中，update.bsh 文件的内容为：

```
import org.apache.jmeter.util.JMeterUtils;
getprop(p){ // 得到一个 JMeter 属性
      return JMeterUtils.getPropDefault(p,””);
}

setprop(p,v){ // 设置一个 JMeter 属性
      print(“Setting property ‘”+p+”’ to ‘”+v+”’.”);
      JMeterUtils.getJMeterProperties().setProperty(p, v);
}

setprop(“throughput”, args[0]);
```

分布式压测平台将上述环节统一封装后提供接口，前端界面只需实现输入框供用户填写吞吐量相关参数，就可以了。这是一个将开源工具的成熟功能进行拼装，以实现一个满足企业需求的新功能的典型案例。

4.2.6　压测场景编排

压测场景编排的本质是将多个测试用例以不同的参数配置组合起来执行，所以又被称为“配置集”。如图 4.13 所示，用户只需提前在配置集中添加需要执行的测试用例，以及

每个执行轮次的配置信息（如线程数、持续时间等）。配置集设定完成后，我们就能基于对应轮次的配置一键触发所有测试用例，达到压测场景编排的效果。

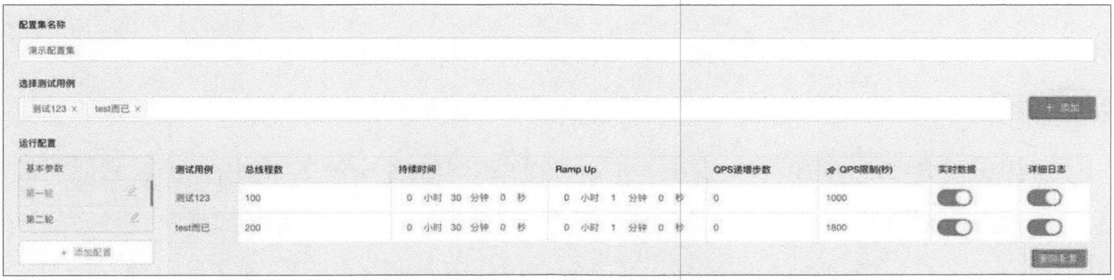

图 4.13 在配置集中添加测试用例和轮次信息

从实现角度来讲，配置集是包含多个测试用例的数据结构，而“轮次”这一概念，是指对同一个配置集设定多轮不同的配置项，每个配置项依然作用于测试用例，它的目的是进一步提高配置集的可复用性。整体的关系可以理解为“配置集 1 : N 测试用例；测试用例 1 : N 轮次配置”，即一个配置集对应多个测试用例，一个测试用例对应多个轮次配置。对应的代码片段如下。

```
{
        "_id" : ObjectId("603c7f8f587ca226d257b144"),
        "testPlanName" : "addTestPlan",
        "testPlanUnitList" : [ -- 一个配置集对应多个测试用例
                {
                        "testcaseId" : "5fc4dd4ee9d7d7b19d0f5152",
                        ...
                        "testRoundList" : [ -- 一个测试用例对应多个轮次配置
                                {
                                        "threadCount" : 1,
                                        "duration" : NumberLong(60),
                                        "rampUp" : 0,
                                        "detailLog" : true,
                                        "realTimeLog" : true,
                                        "throughput" : 100,
                                        "name" : "配置 1",
                                        "qpsStep" : 0
```

```
                    }, …
                ]
            }
        ],
        …
    }
```

压测场景编排可以帮助我们实施一些高级操作。例如，某个测试用例先执行一段时间后，其他测试用例再启动，其本质就是单独先触发一个测试用例，等待固定时间后再触发其余测试用例；或是，运行时临时改变其中几个测试用例的QPS上限，其他测试用例保持不变，其本质就是对单个测试用例进行吞吐量调节等。

4.2.7 监控模块

监控模块是分布式压测平台非常重要的组成部分，也是几乎所有开源工具都缺乏的功能模块。监控模块可以分为两类：内部监控模块和外部监控模块。

内部监控模块主要针对分布式压测平台自身运行过程进行监控和干预，观察压测是否正常，如果遇到异常情况，如线程异常终止、没有持续的测试数据流出、磁盘满等，则立刻终止测试，反馈异常结果并记录日志供测试人员排查。

内部监控模块的实现并不难，我们可以在触发压测后启动一个任务对使用的压测机进行监控，监控的对象可以是磁盘使用量、压测数据流的状态等，如果识别到异常，则触发相应的异常逻辑即可。

外部监控模块主要用来对接外部监控系统。这个模块很重要，除了方便观察系统指标，其最关键的作用是反向干预压测工作，协助用户规避风险，尤其是针对线上压测这类高风险工作。例如，当监控到服务端的错误率达到阈值时，立刻停止当次压测。

外部监控模块的实现需要与外部监控系统提供的接口对接。以对接Grafana监控为例，我们只需要指定一个接口并配置在Grafana中，在监控告警事件发生时，Grafana就会基于

WebHook 回调这个接口，触发停止测试的动作，或触发其他流程。

4.3 全链路压测管理平台建设

全链路压测工作涉及的环节多且流程复杂，如果管理不善，很容易造成效能低下、难以为继的局面。将全链路压测的各项工作通过工具平台管理起来，是一种常见的解决方案，然而，如果参与全链路压测的人员规模较大，全链路压测需要协作的环节就会增多，于是相关的工具数量也会越来越多，最终往往又会形成混乱不堪的局面，以至于员工经常需要“跳转”到提供不同工具的平台去实施某一项工作，这在一些大型企业也是屡见不鲜的。

我们所提倡的更优的解决方案是提供一个“一站式”的全链路压测管理平台，将全链路压测的所有工具和自动化测试能力都集中在这个平台内管理，这个平台会作为统一入口，为全链路压测工作提供支持和服务。它的优势很明显，体现在以下几个方面。

- 提升用户体验：用户无须寻找和记录各种工具平台的入口或地址，也无须在各个工具平台间反复切换。
- 简化流程：平台统一管理全链路压测的中间产物（如测试脚本、数据、日志等），用户无须反复获取和上报数据，这大大减少了中间环节。
- 统一管理：一站式平台提供统一的单点登录、权限管控、操作审计、审批流等通用功能，用户无须重复实现这些功能。

下面，我们介绍一站式全链路压测管理平台的主要功能和实现思路。

4.3.1 全链路压测管理平台功能概览

全链路压测管理平台的功能及其交互关系如图 4.14 所示，共 3 组模块。

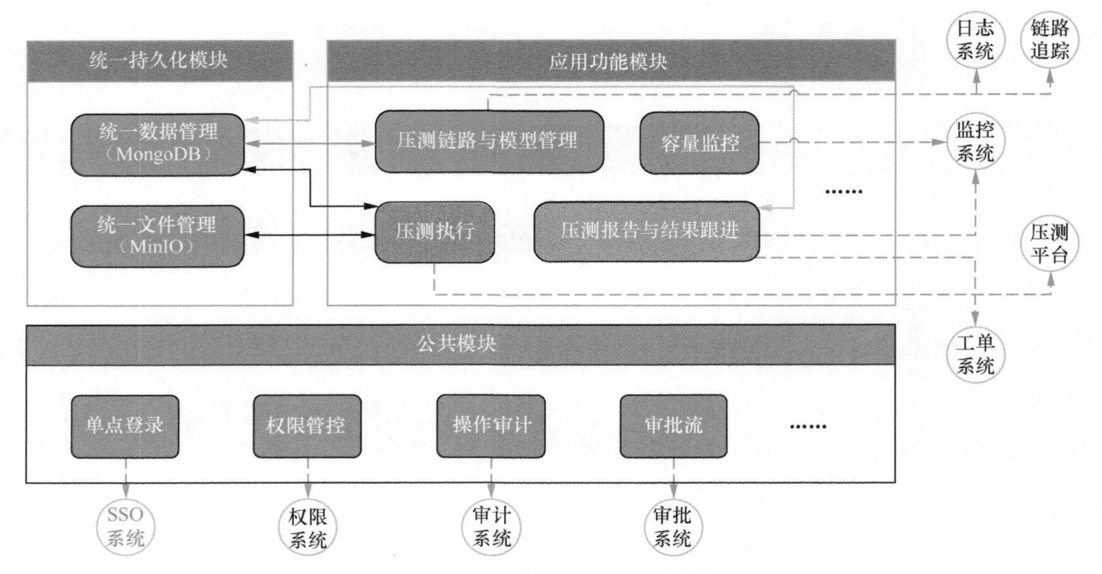

图 4.14　全链路压测管理平台的功能及其交互关系

第一组模块为统一持久化模块，平台中的各个工具所生成的数据和文件统一由这组模块管理。该组模块包含统一数据管理和统一文件管理两模块，分别存储在 MongoDB 和 MinIO 中。这种设计最大化地保障了数据和文件在各工具间流动的便捷性。举一个例子，在压测链路与模型管理模块中，我们通过日志系统采集请求信息后转换为压测脚本文件，这一文件将自动传递至压测平台供用户选择，不需要用户手动下载文件再上传到压测平台，这大大简化了流程和操作。

第二组模块为公共模块，包含所有工具都会使用到的基础功能，这些功能是强制接入的，目的是统一管理、提升效率。这些功能包括单点登录、权限管控、操作审计、审批流等，分别对接相关的外部系统对应的具体功能。有了公共模块，平台上的各个工具就不需要再自己重复造轮子，这提升了开发效率。

第三组模块为应用功能模块，它支持全链路压测的各项功能，包含压测链路与模型管理、压测执行、容量监控、压测报告与结果跟进等模块。其中，压测执行模块对接压测平台，容量监控模块对接外部监控系统，这些内容我们都已经介绍过，下面我们重点对压测链路与模型管理，以及压测报告与结果跟进这两个模块的功能展开介绍。

4.3.2 压测链路与模型管理

压测链路与模型管理模块是围绕应用服务的链路信息、QPS/TPS、响应时间等指标“做文章”的，目的是降低压测链路梳理和压测模型维护的工作量，还能辅助生成压测脚本和参数。图 4.15 展示了这些功能及其与外部系统的交互关系。

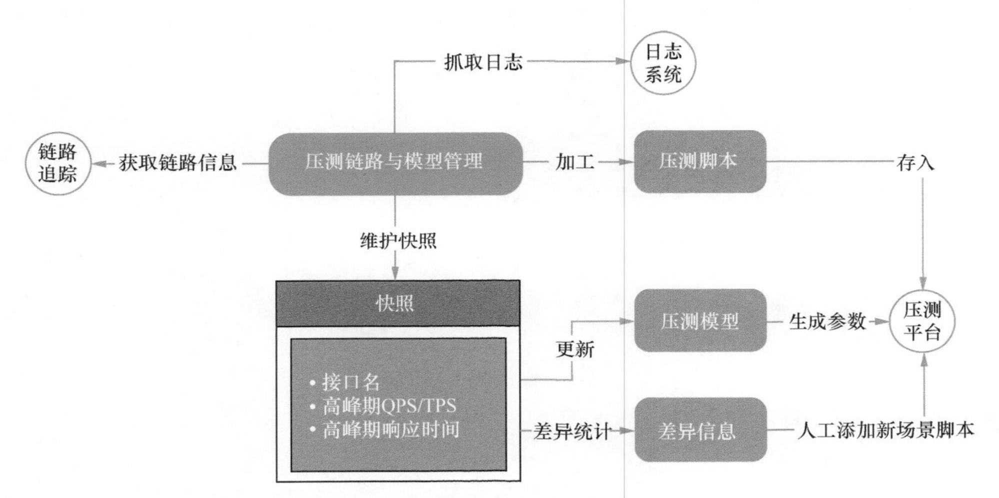

图 4.15　压测链路与模型管理的功能及其与外部系统的交互关系

其中，“快照”是整个模块的核心部分，下面我们具体讲解它的工作流程。首先，压测链路与模型管理的服务会与链路追踪工具进行交互，得到链路的元数据，包括某一时间段内各接口的接口名、高峰期 TPS/QPS、高峰期响应时间等，我们将这些信息统一称为“快照”。图 4.16 所示为快照的可视化展示形式。获取快照后，我们根据接口的 TPS/QPS，按照预先设定好的倍数调整压测模型中相应接口的压测量，这样就完成了压测模型的更新，同时，所有信息都能自动同步到压测平台中。

我们可以定期获取快照，在快照之间进行对比。如图 4.17 所示，如果通过快照对比发现调用链路发生变化，我们就需要将这些差异信息输出，由人工介入以增加新的压测场景，或更新已有压测场景，再同步到压测平台中。可以想象，服务越多，链路越复杂，这项功能所能带给我们的效率提升就越显著。

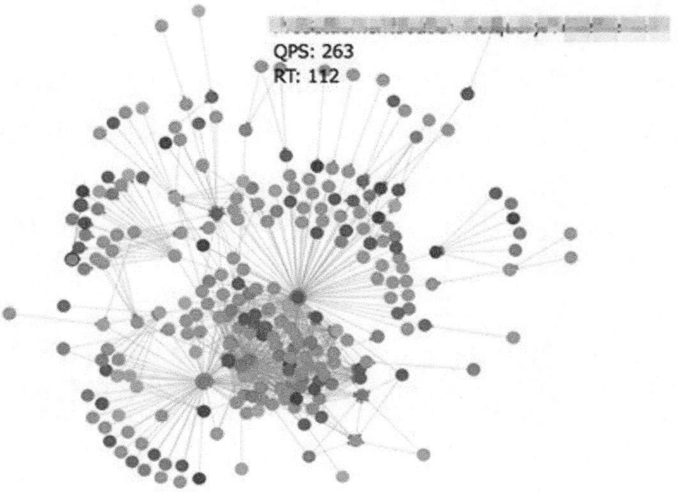

图 4.16　快照的可视化展示形式

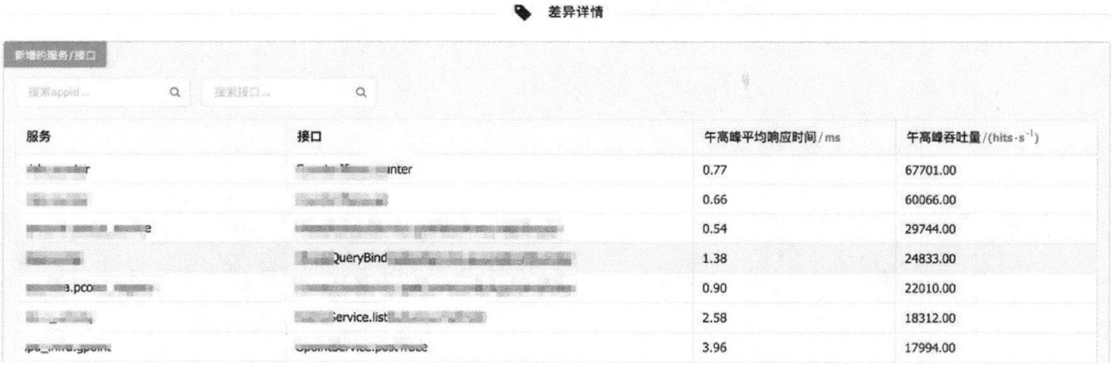

差异详情

新增的服务/接口

搜索appid...　搜索接口...

服务	接口	午高峰平均响应时间/ms	午高峰吞吐量/(hits·s⁻¹)
[redacted]r	[redacted]unter	0.77	67701.00
[redacted]	[redacted]	0.66	60066.00
[redacted]e	[redacted]	0.54	29744.00
[redacted]	[redacted]QueryBind[redacted]	1.38	24833.00
[redacted]a.pco[redacted]	[redacted]	0.90	22010.00
[redacted]	[redacted]Service.list[redacted]	2.58	18312.00
[illegible]	[illegible]	3.96	17994.00

图 4.17　通过快照对比发现调用链路的差异

压测链路与模型管理的另一项功能是通过日志回放的方式辅助生成压测脚本和数据，它支持多个日志数据源，用户可以提供抓取日志的查询语句，并上传处理日志的脚本，平台将自动与日志系统交互，抓取日志后调用上传的脚本进行处理，并存储至统一文件池（由统一文件管理模块负责）中备用，用户在压测平台中可以直接选取这些素材，作为压测脚本和数据。

4.3.3 压测风险识别与结果跟进

在全链路压测执行完毕后，我们需要收集压测期间系统产生的各种指标信息，分析潜在的容量风险并持续跟进。

一个常见的功能需求是检测压测期间各个服务的资源是否充盈、有无风险，这个需求的工作量非常大，而且容易遗漏关键信息。平台可以采用工具扫描的方式，与监控系统交互并收集信息，以服务为维度聚合排序后输出信息，列出如 CPU 利用率超过 80% 的服务、内存使用率超过 90% 的服务等信息。对于服务的其他容量指标，只要能确定容量水位风险阈值，如响应时间增长幅度超过 100% 意味着有风险，那么都可以用这种方式扫描出结果，从而减少人力成本。

发现的容量风险需要有跟进机制，以确保风险被及时排除。全链路压测管理平台通过与工单系统对接，能够针对容量风险自动创建工单，并指定服务所有者为负责人。技术团队将定期跟踪这些工单的状态，检查改进和优化措施是否落实到位。

压测通知和压测人员值班名单这类静态信息，也可以在一站式管理平台上得到展示和维护。

4.4 无人值守全链路压测的技术实现

无人值守全链路压测是如今行业的热门话题，也是比较前沿的技术方向，在开源节流的大背景下，无人值守全链路压测作为提升全链路压测效率的一把利器，已经在部分互联网公司进行了探索和实践。下面我们就来介绍无人值守全链路压测的实践思路。

作为一种新的实践，无人值守全链路压测常被业界过度渲染，但如果我们深入探究它的本质，就会发现它的技术核心其实就是两点：第一，自适应压测策略（压测期间的控量策略）；第二，自动化风险管控（对压测过程中产生的风险的应对）。做到这两点，就能大大降低压测执行期间的人力投入，也就实现了无人值守全链路压测。当然，这两个核心技术都需要配套的工具和基础设施的支持，下面我们展开介绍。

4.4.1 自适应压测策略

我们以 4.2 节介绍的分布式压测平台为基础对自适应压测策略进行讲解。在 4.2 节中我们介绍了“吞吐量限制与动态调节”功能的实现方案，基于这个方案，我们具备了“随时控量”的能力，接下来的关键是如何实现“自适应”。

自适应的实现思路并不复杂，我们可以从一个较小的 TPS 限制值（压测量）开始，按照一定的规则逐渐增大限制值，同时持续监控服务的核心指标（如响应时间、成功率、错误率等），若服务工作正常则持续增大限制值直至达标，反之则放弃增大限制值或终止压测。

上面提到的规则是自适应压测策略的核心，我们提供 3 种模式供读者参考。

第一种是线性增长模式，类似于步进式的加压模式，即系统根据指定的步长（如步长为 8）均匀加压，在每轮压力值上至少停留 1min 进行观察，如图 4.18 所示。这是一种比较保守的模式，适合对服务容量进行“摸底”。

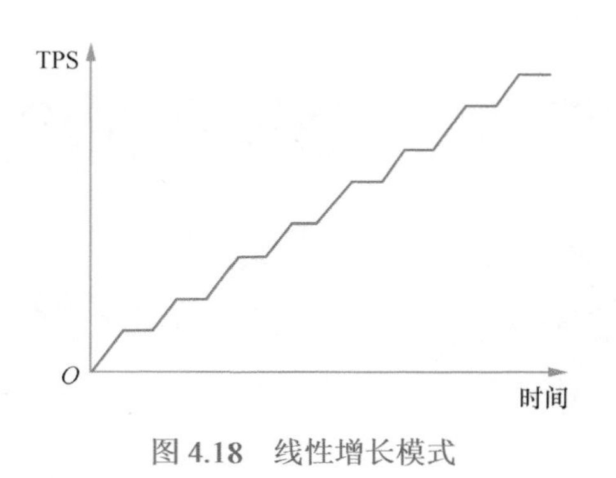

图 4.18　线性增长模式

第二种是指数上升模式。我们需要预先设置一个 TPS 警戒点（如压测目标的 50%），在达到这个警戒点之前，系统将以指数方式增加压测量，以尽快逼近警戒点，达到警戒点后转为线性增长模式，如图 4.19 所示。它的优点是能够更快速地达到目标值，缺点是风险较大。

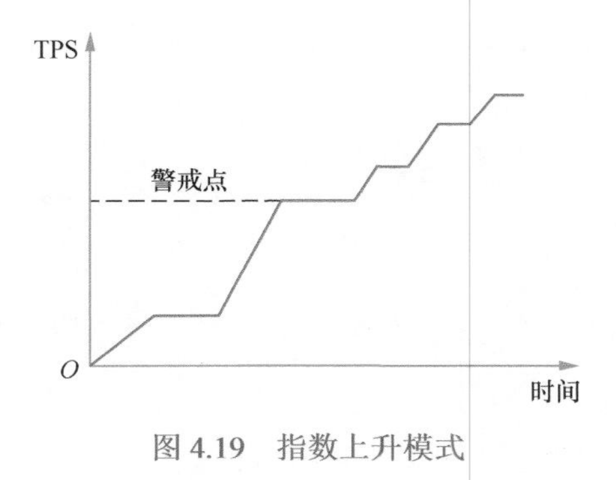

图 4.19 指数上升模式

第三种是经验模式，如图 4.20 所示。我们将系统上一次压测达到的目标值作为本次压测的警戒点，在达到上期压测目标值之前以指数方式增加压测量，达到上期压测目标值后转为线性增长模式。这一模式的实现逻辑是，如果该服务历史上曾经压测过某个容量水位，意味着在服务链路和数据没有发生改变的情况下，服务大概率依然能够达到这一容量水位。因此，经验模式比较适合在压测被无意中断后继续进行时使用。

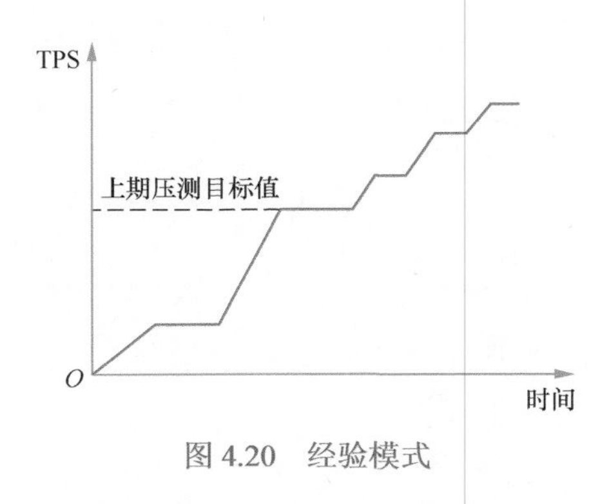

图 4.20 经验模式

如果在 TPS 增大的过程中，尚未达到目标值服务核心指标就出现了风险，需要有相应的应对风险的规则来规避风险，这有两种模式。

- 宽松模式：TPS 限制值将被重置为最近一次无风险的容量水位，若风险排除，则尝试继续增大 TPS 限制值，否则终止压测。宽松模式如图 4.21 所示。

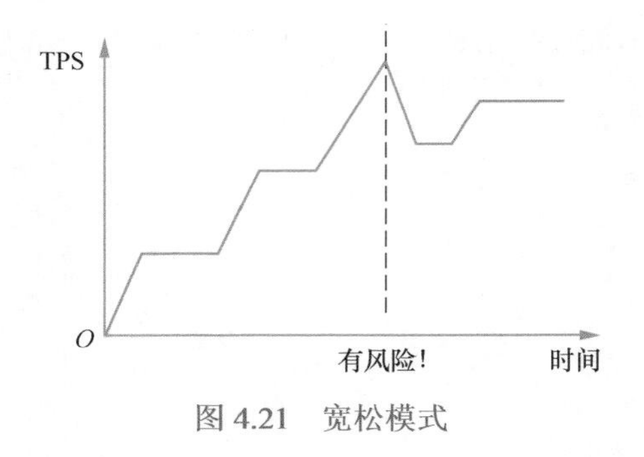

图 4.21　宽松模式

- 严格模式：一旦出现服务风险，直接终止压测。严格模式如图 4.22 所示。

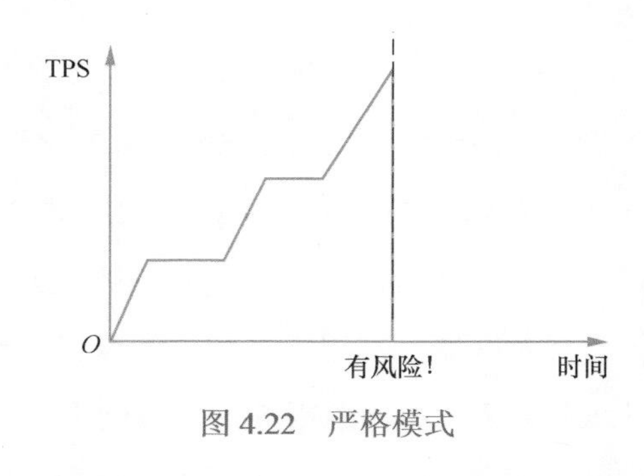

图 4.22　严格模式

风险应对规则和自适应压测策略可以搭配使用，如果你选择了一个较为激进的自适应压测策略（如指数上升模式），那么可以选择一个较为保守的风险应对规则（严格模式），反之亦然。

还有一点需要强调，虽然在自适应压测过程中我们持续监控着服务的核心指标，但是监控系统往往会有延迟（从秒级到分钟级不等），我们的策略选择也应考虑到这一点。如果延迟时间较长，建议采用更保守的自适应压测策略。

4.4.2　自动化风险管控

风险管控是无人值守全链路压测的重中之重，我们需要自动化识别出压测过程中的风险，并及时进行干预，才能做到放心的“无人值守”。

自动化风险管控的核心是规则引擎，规则引擎管理着大量的监控指标风险规则，并负责与监控系统进行交互。规则引擎采用 Push 模式，每 10s 将违反规则的风险值上报给压测平台的风险管控模块，供压测平台进行风险决策。在获悉风险后，风险管控模块根据风险的严重程度，决定是干预和控制压测量，还是直接熔断压测。

规则引擎中的绝大部分规则都是预置的通用规则，如 CPU 利用率水位预警、服务响应时间增幅预警、服务成功率预警等，这些规则保证了充分的风险覆盖，不需要用户填报。对于一些特殊的规则，如某消息队列堆积量、某专线延迟时间等，用户可以自定义设置，仅对指定用例生效。

我们将这些工作与 4.2 节介绍的分布式压测平台结合起来，最终形成的顶层架构如图 4.23 所示。

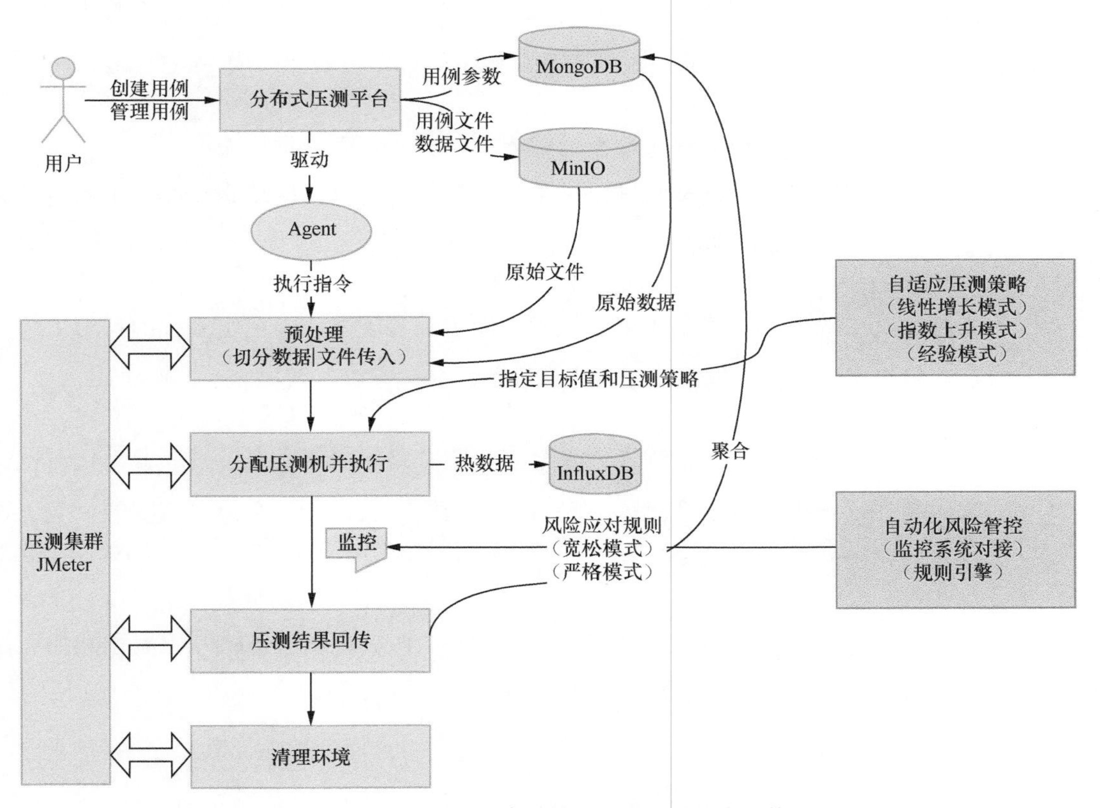

图 4.23　支持无人值守全链路压测的压测平台架构设计

4.5 本章小结

本章，我们主要探讨全链路压测的工具建设，对常见的开源工具进行剖析和对比，并提供分布式压测平台和全链路压测管理平台的详细实现方案，我们还针对前沿的无人值守全链路压测的技术实现给出了分析和实现方向。

工具建设不仅仅是测试人员的编程工作，技术选型、架构设计、用户体验等都是测试人员不可忽视的要素。在本章内容的讲解过程中，我们针对这些要素也穿插讲解了一些思路和方法，希望能够给读者带来帮助。主要内容如下。

- 即便在团队技术能力和资源充足的情况下，使用开源工具或基于开源工具进行二次开发，依然是不少企业工具建设的首选，因为这样做更快速，成本也更低。
- 互联网公司发展到一定阶段，随着其组织规模的扩大和管理成本的增加，对于工具的需求也会发生转变，逐渐从满足少量通用功能的工具，转变为适配复杂的定制化功能，以及适配多系统的联动的工具。
- 将开源工具中的成熟功能用在企业最稳定的需求实现上，而在定制化的需求上采用自研工具来实现，这样能够兼顾成本和收益，起到更好的效果。
- 建立“一站式”的全链路压测管理平台，将全链路压测的所有工具和自动化测试能力都集中在这个平台内管理，这个平台将作为统一入口，为全链路压测的所有工作提供支持和服务。
- 无人值守全链路压测的技术核心有两点：第一，自适应压测策略（压测期间的控量策略）；第二，自动化风险管控（对压测过程中产生的风险的应对）。

第 5 章　微服务架构下的容量治理

微服务架构的容量风险主要来自分布式系统的复杂性，以及为应对复杂性而引入的组件或机制。容量治理的目标不是消除这些复杂性，而是适应和善待它们。

全链路压测及其周边工作能够验证服务是否存在容量风险，并定位风险背后的根因。我们据此排除容量风险，确保服务的稳定性，这是容量治理的工作任务。

此外，微服务的运行环境复杂，服务的调用链路长且涉及的环节多，因此，我们需要使用科学的容量治理手段，在服务发生容量问题时快速将影响面降到最小。优秀的容量治理工作不仅要能快速解决已发现的容量问题，还要能预防未知的容量隐患。

本章，我们将首先介绍微服务架构的特点和容量风险，随后介绍微服务架构下几种常见的容量治理手段，并且在讲解过程中适当展开介绍一些实践中的注意点，帮助读者融会贯通。

5.1 微服务架构的特点和容量风险

2014 年，著名的软件开发者 Martin Fowler 在他的博客中发表了一篇以“微服务”架构为主题的文章，揭开了微服务的面纱。短短数年后，微服务架构就成了流行的技术名词，受到无数人的追捧。目前，绝大多数具有一定体量的互联网公司，都基于微服务架构来实现软件功能。

传统的单体架构的做法是将所有软件功能都封装在一个大的单元中，而微服务架构则是将应用程序划分为可以单独部署、升级和替换的小型独立服务，每个微服务架构都是针对单个业务目的而构建的，使用轻量级机制与其他微服务通信。

在微服务架构中，每个微服务是自治和独立的，因此它们可以并行开发和独立维护，甚至每个微服务都可以用不同的编程语言编写，开发效率得到了有效提升。不过，微服务并不是“银弹”，随着微服务规模的增大，服务链路及其交互关系愈发复杂，运维工作的复杂度也不断上升，给服务容量保障工作带来了新的挑战。

本节将简要介绍微服务架构的特点，并解读微服务架构下的容量风险。具体的治理手段，将在本章的后几节中展开介绍。

5.1.1 微服务架构的特点

微服务架构并不是简单地将大服务拆分为小服务，它的特点如下。

- 单一职责原则：每个微服务应当是高内聚的，仅负责属于自己业务领域的功能，因此单个微服务的规模通常都比较小。
- 自治：每个微服务都可以独立部署和升级，并通过与语言无关的协议相互通信。只要接口不变，一个微服务可以被重新实现，而不影响其他微服务。
- 技术异构：每个微服务的实现细节都与其他微服务无关，这使得微服务之间能够解耦，团队可以针对每个微服务选择最合适的开发语言、工具和方法。
- 可扩展性：在微服务架构下，新增的微服务可以独立开发和发布，无须进行大规模的协调工作。

此外，微服务架构还有助于简化部署工作。在单体架构中，即使我们只修改一行代码，都需要将整个应用重新部署一次；而在微服务架构中，我们仅需重新部署代码改动所涉及的某个（些）微服务。这样，我们就能以较小的代价频繁更新软件产品，从而更快地交付功能。

虽然微服务听上去很美好，但我们要保持头脑清醒，并不是所有场景都适合使用微服务架构。如果企业正处于业务探索初期，那么单体架构往往是更好的选择，因为它易于快速开发、调试，并且更能容忍设计错误。在可扩展性成为瓶颈之前，微服务架构并不是最佳选择。表 5.1 展示了微服务架构和单体架构的适用场景。

表 5.1 微服务架构和单体架构的适用场景

适用场景	微服务架构	单体架构
业务复杂度	较高（超过 5 个复杂模块）	较低
项目周期	较长，需要长期迭代和维护	较短，快速开发，快速试错
团队规模	较大，需要多团队协作	较小，团队协作成本不高
项目成本	成本较高，但分布均匀	早期成本低，后期成本高

那么，如何确定转型微服务架构的最佳时机呢？我们来看一下图 5.1，这是单体架构和微服务架构的效率对比曲线。在业务复杂度较低时，单体架构的效率有着明显的优势，随着业务复杂度的增加，单体架构的效率逐渐降低，甚至在某个临界点出现断崖式下跌。之后，微服务架构的优势就很明显了，在这个临界点之前转型微服务架构是比较合理的选择。

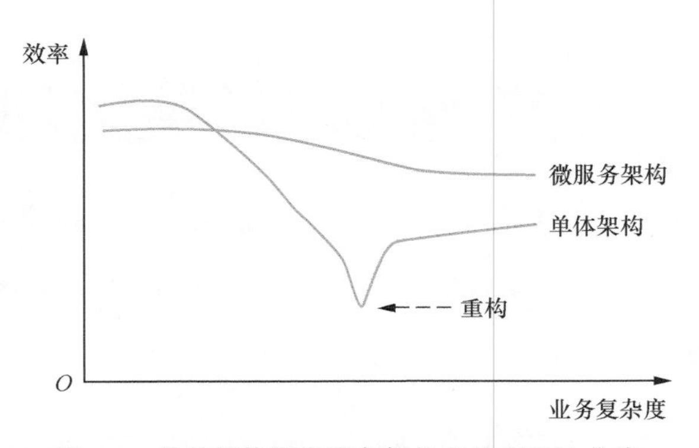

图 5.1 单体架构和微服务架构的效率对比曲线

5.1.2 微服务架构的容量风险

微服务架构的容量风险主要来自分布式系统的复杂性，以及为应对复杂性而引入的组件或机制。下面我们列举 4 个重点。

第一，分布式系统的通信特点是引发服务容量风险的一个重要来源。不同于单体架构中各服务是在本地通信的，分布式系统中的多个服务节点需要通过网络进行通信，其延迟远大于本地通信，而且远没有本地通信可靠，容易造成服务响应时间上升或错误率增加。

第二，微服务的调用特点也影响服务容量，一次微服务调用是包含多个子调用的调用链路，如果这个调用链路上的某个服务或中间件出现容量问题，很容易影响下游其他服务，引起雪崩效应，造成级联故障。

第三，数据库和数据表的拆分是微服务横向扩展的常见做法，但这也增加了数据库查询的复杂度，尤其是跨数据表分片的一些“扫片”操作对服务容量有一定影响，需要格外关注。

第四，为应对分布式一致性问题而引入的分布式锁等机制，也会引发容量风险，我们需要在一致性和可用性之间做出权衡。

这些容量风险如何预防、治理和容灾，将在下面几节内容中进行详细介绍。

5.2 容量指标分析实战

开展容量治理工作的一个重要前提是定位容量风险，如果做不到这一点，容量治理就好比大海捞针。因为它需要我们对压测期间或业务高峰期间所产生的容量指标进行细致分析，以便从这些纷繁复杂的指标中快速识别出潜在的容量风险。

容量指标分析是一项极具挑战性的任务，其中很大一部分原因在于，软件系统的容量受制于多种因素，涉及多个指标，其复杂度远远超过想象。因此，容量指标分析需要对服务架构、中间件、服务链路等环节有深入理解，这导致很多技术人员一上来就碰壁，坚持下来的人也往往会进入各种误区，艰难前行。

容量指标分析作为一项实践性很强的工作，是很难通过理论学习而全面掌握的。因此，在本节中，笔者将通过“问题驱动＋案例分析”的方式进行讲解。这些问题都是笔者在实践中遇到的经典问题，也是很多技术人员（尤其是初学者）的高频困惑问题，读者可以结合这些案例的分析思路，在实践中多多探索。

5.2.1 响应时间应关注平均值，还是分位线？

响应时间是指从发出请求到收到响应所经历的时间。作为服务容量最显著的反馈指标之一，响应时间特别需要引起我们的重视并对其进行全面了解。对于互联网服务，响应时间应更关注分位线，我们常说的 TP95、TP99 或 95 线、99 线这类称呼就是指分位线。分位线的概念不难理解，以 95 线为例，我们将所有请求的响应时间进行排序，取前 95% 中最后一个请求的响应时间，即为 95 线，它表示至少有 95% 的请求响应时间小于或等于这个值。

关注分位线甚于平均值的主要原因在于，平均值很容易“冲淡”一些耗时较长的请求，导致容量问题被掩盖，我们来看下面这个场景。

某服务的常态响应时间为 100ms，可接受的最大响应时间为 150ms，当服务负载升高至接近瓶颈时，有 20% 的请求响应时间增加了一倍达到 200ms。也就是说，有 20% 的用户访问受到影响。

如果我们只关注平均响应时间，假设有 100 个请求，此时平均响应时间为 (80×100ms + 20×200ms) / 100=120ms，远未达到可接受的最大响应时间，似乎服务很安全。但如果以响应时间的 95 线为判断标准，我们就会发现它已经达到了 200ms（排序后第 95 个请求的响应时间为 200ms）。显然，关注 95 线更容易发现容量隐患。

以分位线作为响应时间关注点的本质在于，尽管只是小部分请求的响应时间增加，但服务容量已经处于不充足的“萌芽”状态了，此时如果不加干预，服务容量问题很有可能会迅速恶化。因此，虽然这个问题是针对响应时间的，但其实可以推广到很多地方，例如数据库的读写耗时、缓存的读取耗时等，都应当关注其分位线。

5.2.2 响应时间一定越短越好吗？

响应时间一定越短越好吗？这又是一个关于响应时间的问题。针对这个问题，人们可能会说：“响应时间作为一个能被用户直接感受到的外部指标，肯定是越短越好。”但真的是这样吗？我们来看一个案例。

图 5.2 所示为某服务在全链路压测期间的现场监控情况，我们可以观察到服务的响应时间（95 线）始终保持在 35ms 以内，就这个服务而言，这是非常理想的响应时间，但此时负责监控的运维人员告诉我们，该服务抛出了大量异常，这是为什么呢？

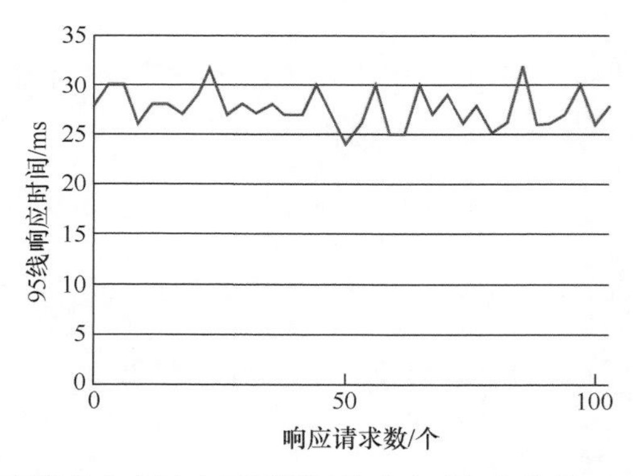

图 5.2　某服务在全链路压测期间的响应时间变化情况（95 线）

负责压测的技术人员查看了压测日志后才恍然大悟，原来几乎所有的请求都返回了错误的响应体（当然，这个服务自身的状态码设置也有问题，无论请求正常还是异常，都返回了 200 状态码）。进一步排查发现，压测数据存在问题，导致针对该服务的压测请求并没有进入主体业务，而是进入了异常分支，响应时间当然就短了。巧合的是，这位技术人员并未对响应体设置断言，因此没有在第一时间发现这个问题。

“响应时间越短越好”这一结论，是建立在业务场景正确、服务无异常基础上的。上述这个问题虽然不属于服务容量问题，却是在全链路压测过程中常出现的失误，如果我们仅以响应时间为观察目标，就容易得到错误的结论，最终无法识别出真正的容量风险。

解决这个问题的方法也很简单，那就是加强全方位的指标监控，在关注响应时间的同时，关注错误率、吞吐量、请求成功率和异常率等指标，不要只观察某一项指标就轻易地得出结论。

5.2.3 CPU 利用率低，服务容量就一定没有问题吗？

CPU 利用率是指 CPU 工作时间占计算机工作总时间的百分比，它代表了 CPU 工作的饱和程度。那么，如果 CPU 利用率低，是不是服务就一定没有容量问题呢？答案是否定的，我们来看一个例子。

图 5.3 和图 5.4 所示分别为某服务在某一时间段的响应时间变化情况和 CPU 利用率变化情况。我们可以看到，在 09：00—09：35 这个时间段，服务的响应时间暴增，已经严重影响了线上功能，但 CPU 利用率却始终维持在一个较低的水位（图中纵轴为所有 CPU 核心的总利用率，该服务的 CPU 有 8 核，上限总计为 800）。仅从 CPU 利用率来看，并没有观察到服务容量存在瓶颈。

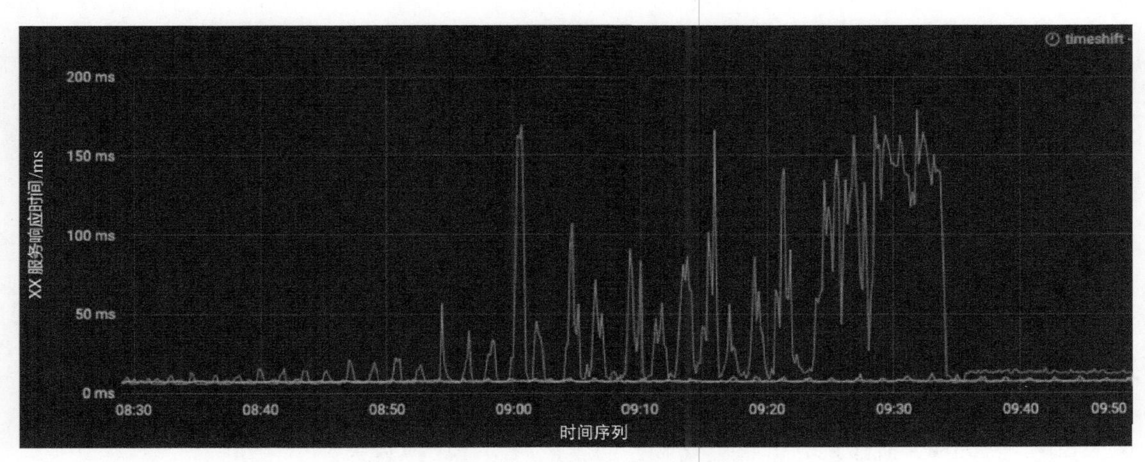

图 5.3　某服务在某一时间段的响应时间变化情况

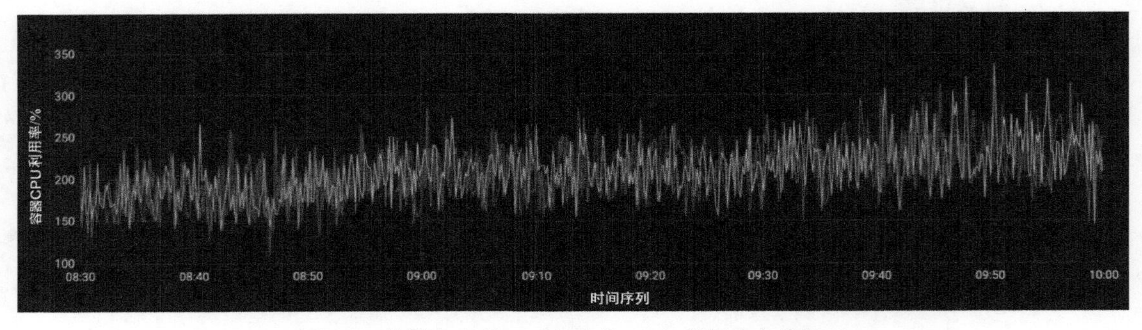

图 5.4 某服务在某一时间段的 CPU 利用率变化情况

于是，我们顺着服务链路进行排查，发现该服务有大量调用数据库的操作，而在发生容量问题时，数据库的查询耗时大幅增加，似乎容量问题已初现端倪。

再继续深挖，我们发现该服务基于线程池处理业务。如下代码所示，线程池使用了 ForkJoinPool，其默认大小为 CPU 核数（8 核）。此时我们发现了根本问题所在，程序处理的任务有大量数据库查询等 I/O 操作，一旦数据库负载增加，数据库查询耗时变长后，线程就会被长时间阻塞，导致线程池过小，后续任务只能排队。遗憾的是，排队的队列又是一个无界队列，从而形成了恶性循环，导致响应时间暴增。

```
CompletableFuture<Map<String, XXDTO>> future =
    CompletableFuture.supplyAsync(
        () -> xxService.getXX(id)); // 未自定义线程池，默认使用 ForkJoinPool
```

查到了原因，解决方法也就显而易见了，将线程池的大小重新进行调整，并优化排队策略，就可以避免这一问题。

通过这个例子我们可以看到，CPU 利用率低只能说明 CPU 不处于忙碌状态，并不能说明在其他地方没有容量瓶颈。在这个例子中，容量瓶颈发生在数据库上，也许在其他场景中，瓶颈还会发生在缓存上，或是对其他服务的同步调用上。因此与 5.2.2 节中得出的结论类似，我们需要联动多个指标来分析和排查服务的容量风险，不应只关注单一指标。

5.2.4 “压不上去”了，就是服务容量达到瓶颈了吗？

在全链路压测或其他形式的压测过程中，我们时常会遇到这样的情况：在提升了施压端的输出压力后，服务的TPS并没有明显提升，那是不是就可以得出“服务容量在此刻达到了瓶颈”这一结论呢？

我们需要明确的是，服务容量是否达到瓶颈并不是通过施压端是否能“压上去”来判断的，而是根据服务端的容量指标去判断的。传统的判断方法是找“拐点”，即观察服务的TPS是否会到达一个顶峰后开始下降。遗憾的是，在实际工作中除非我们不惜代价地持续增加压力，否则拐点是很难出现的。

一般来说，如果服务一切正常，当增加压力时，服务的TPS也呈上升比例同时响应时间比较稳定。如果观察到服务TPS上升的速度开始变缓，此时服务容量往往已经出现瓶颈了，我们可以结合响应时间和服务资源指标进行判断。

那么，为什么不能通过施压端的现象去判断服务容量瓶颈呢？原因也很简单，因为“压不上去”不一定是服务的容量问题，也可能是施压端自身出现了瓶颈。在压测过程中，如果我们发现增加压力后，服务的TPS没有提升，响应时间也没有增加，可能还伴随一些抖动，此时我们一定要留意施压端的资源消耗情况。

我们以JMeter为例，JMeter是基于传统的BIO线程模型的压测工具，一个线程同时只能处理一个连接，而单台压测机能够支撑的线程数是有限的，达到极限后，单纯增加施压端的线程数参数，既不会带来更大的真实线程数，又不会增加对服务端的压力。因此，我们可以通过检查施压端的CPU利用率来做判断，如果CPU利用率已经达到100%，就说明压测机所能支撑的线程数已经饱和，需要增加新的压测节点了。

此外，带宽也是一个常见的可能制约施压端能力的指标，尤其是当请求响应的返回体很大的时候，就很容易占满带宽，这种情况甚至会影响正常服务的访问，需要格外小心。涉及多数据中心的服务可能还会遇到跨地区专线带宽占满的问题，这也是需要关注的。

5.2.5 容量指标只是偶尔“抖动”一下，要不要关注？

很多容量指标都可以用来判断容量风险，例如响应时间 99 线超过某阈值、CPU 利用率超过某值等。但是，如果这些指标只是偶尔抖动一下，我们要不要关注呢？

答案是肯定的，抖动是一种很容易被忽视的场景，笔者曾经观察到一个服务每隔一段时间，响应时间会突然出现一个“尖刺”，我询问了服务负责人，对方很不以为意，表示这种情况一直存在，从来没有造成过什么影响，觉得我有点小题大做，结果在高峰期这个服务发生了容量事故。

没有找到根因的抖动是很危险的，因为我们并不清楚它是否是服务容量问题的先兆。我们来看一个例子，如图 5.5 所示，这个服务的响应时间每隔一个不固定周期就会出现一个“尖刺”，实际上也没有影响用户。但经过排查后，我们发现该服务会在一些特殊情况下调用某个第三方服务，用作补偿数据，这一额外的调用会引发响应时间的增加。

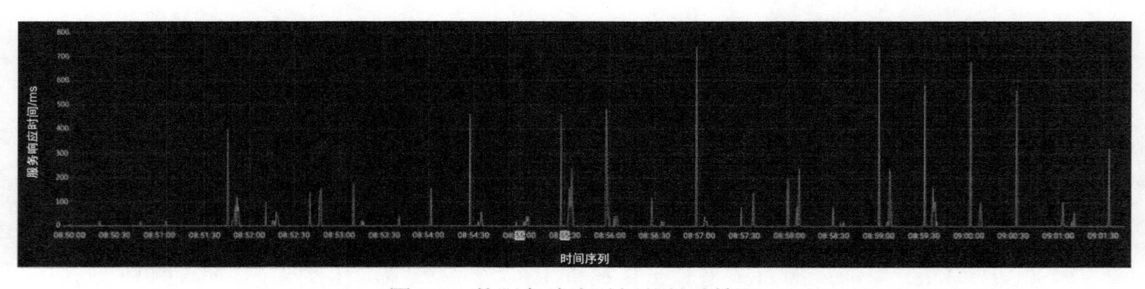

图 5.5 某服务响应时间的抖动情况

这个逻辑本身其实没有什么问题，但其隐患在于，该服务对第三方的调用是有配额限制的，超出配额又没有其他兜底措施，如果遇到外部攻击，服务容量瓶颈问题立刻就会恶化。

因此，当我们遇到容量指标抖动的情况，尤其是一些“莫名其妙”的抖动时，不要忽视，要尽可能找到根因。如果服务内部排查不出问题，不妨检查一下有没有第三方同步调用，或者底层的基础设施和中间件有无问题。对于那些实在无法确定根因的抖动，应加强监控，并制订故障恢复预案，以防出现容量问题时措手不及。

5.3 扩容：为服务增添“燃料”

说到扩容，不得不提到软件架构设计中经常出现的一个词——“伸缩性”或“弹性”。以当前互联网服务的用户体量规模，软件系统已经不太可能通过单台服务器来支撑所有的用户流量，流行的做法是将多台服务器组成集群统一对外提供服务。伸缩性指的就是能够往这个集群中不断加入新的服务器资源，以应对更多流量的能力，而这个加入新的服务器资源的过程，就是扩容。

如果容量瓶颈发生在服务资源层面，扩容恐怕是最直接的容量提升手段了，尤其是在服务容器化盛行的当下，拉起一个新服务实例，往往只需要秒级时间，扩容的成本得到了有效降低，能够快速消除容量风险。

5.3.1 扩容方案

在互联网行业的发展早期，扩容曾经是非常令人头疼的工作，运维人员需要在新的服务资源上安装各种基础软件、配置网络、部署服务，并进行大量的调试工作，才能确保正确扩容。尽管我们可以通过脚本来批量完成其中的部分工作，但扩容的过程依然非常烦琐，耗时也很长。近几年，随着容器技术的发展，扩容的成本得到了极大的降低，基本上所有的云服务商都提供了自动扩缩容的功能，Kubernetes 的 HPA（Horizontal Pod Autoscaling，水平自动伸缩）也具备类似的功能。

此外，扩容并不是专指应用服务扩容，数据库、缓存等中间件同样有扩容的需求。下面我们介绍一些主流的扩容方案。

1. 应用服务的扩容方案

针对应用服务集群，只要服务是无状态的，即服务没有上下文依赖，我们就可以认为每个服务实例都是对等的，在集群中加入新的实例后可以提供与现存实例无差别的服务。

在此基础上，只要具备负载均衡的能力，就可以满足扩容的基本要求。同时，各大容器工具也提供了便捷的扩容功能和操作方法。以 Kubernetes 为例，我们可以通过 kubectl scale 命令将 Pod 的副本数量提升到指定大小，实现集群扩容。

如果服务不是无状态的，那么就需要进行一定的改造，以满足快速扩容的要求，可以参考以下改造点。

- 依赖会话信息：将会话信息存放至外部缓存（如 Redis）中。
- 依赖本地数据或文件：将数据存放至外部分布式对象存储系统中。
- 依赖本地配置：将配置信息交由统一的配置中心进行管控。

2. 数据库的扩容方案

数据库的扩容方案相对复杂，因为它涉及数据的状态、数据的同步和数据一致性等问题，除了对数据库本身的服务资源进行扩容，我们还需要使用一些特定的方法以扩充数据库的容量。

主从分离是最为常见的方法之一，我们可以将数据库的写操作和读操作进行分离，读操作命中多个从库副本进行处理，写操作命中主库进行处理。每个从库副本都与主库同步更新数据（即主从同步），这种方法能确保从库可以水平扩展，以支撑更多的读请求。

主从分离在一定程度上缓解了读请求带来的容量压力，但如果单库或单表的数据量太大，造成命中单个从库的操作性能下降，主从分离也解决不了。此外，如果是写请求带来的容量压力较大，主从分离也无能为力。在这种情况下，我们需要对数据库和数据表进行拆分，常见的做法有垂直拆分和水平拆分。

垂直拆分有垂直分库和垂直分表两种形式。垂直分库是指将关联度较低的不同表存储到不同的数据库中，以减少单个数据库的压力，这种做法和微服务架构有一定的相似之处。

垂直分表是基于数据库中的“列”进行的，如果某个表的字段较多，我们可以新建一张扩展表，将不常用或数据量较大的字段拆分至扩展表中，即“大表拆小表”。

垂直拆分降低了数据库（表）在业务层面的耦合性，提升了性能。不过，尽管垂直拆分可以减少字段数量，但单表数据量过大的问题依然存在，此时我们还需要进行水平拆分。

水平拆分有分库分表和库内分表两种形式。分库分表是指通过一定的规则，将单张表的数据切分到多个数据库实例中去，每个实例具有相同的数据库（表）结构，只是存储的数据不同；库内分表也是类似的，但拆分的数据表依然涵盖同一个数据库实例，仍有一定的容量风险。

水平拆分的规则可以参照以下方案。

- 按数值拆分：例如，将 6 个月前的数据拆分出来，或将自增 ID 为 0 ～ 10000 的数据拆分出来。由于历史数据的查询量较小，可以只提供近期数据的查询功能，这就是所谓的“冷热数据分离”。
- 通过数值取模拆分：我们通常采用将数值哈希取模的方式进行拆分，例如，将某个字段哈希取模后，余数为 0 的放入第一个分库，余数为 1 的放入第二个分库，以此类推。

水平拆分能够有效降低数据库的压力，但它也会带来一些额外的问题，如全局主键避重、跨节点关联查询、默认排序和函数失效、数据迁移策略等，这些问题需要在相关中间件或应用层中解决。

3. 缓存的扩容方案

缓存的扩容和应用服务的扩容有着很大的区别，应用服务集群中每个服务节点是完全对等的，通过简单的负载均衡策略就可以对外提供服务，而缓存集群中的每个缓存节点所存放的数据是不一样的，在处理缓存访问请求时，我们需要先找到目标缓存节点，才能访问数据。

此外，缓存扩容相当于向缓存集群中增加一个新的节点（没有任何数据），这会打乱原有的缓存节点与缓存数据之间的映射关系。为了保证新节点的加入对整个缓存集群的影响最小，我们需要引入著名的一致性哈希算法。

基于一致性哈希算法获取缓存的过程分为 3 步：

（1）构造一个长度为 232 的整数环；

（2）使用缓存节点的名称、编号或 IP 地址计算其哈希值，并放置于环上的相应位置；

（3）计算需要缓存的 key 的哈希值，然后在环上顺时针寻找距离这个哈希值最近的节点，也就是命中的缓存节点。

我们来看一个例子，如图 5.6 所示，黑色图形代表缓存节点，橙色图形代表缓存数据，我们观察到数据 3 是缓存在节点 B 上的，此时，假设节点 B 发生了故障需要移除，根据一致性哈希算法的规则，我们从数据 3 的位置出发，顺时针寻找距离最近的节点，是节点 C，因此节点 C 就是数据 3 的新缓存节点。在整个过程中，除数据 3 的位置发生变化外，其余节点的位置均没有发生任何改变。这就是一致性哈希算法的优点，在缓存扩容（也包括缩容）时，我们只需要重新定位变动节点附近的一小部分数据，就不会出现短时间内大量缓存失效的情况。

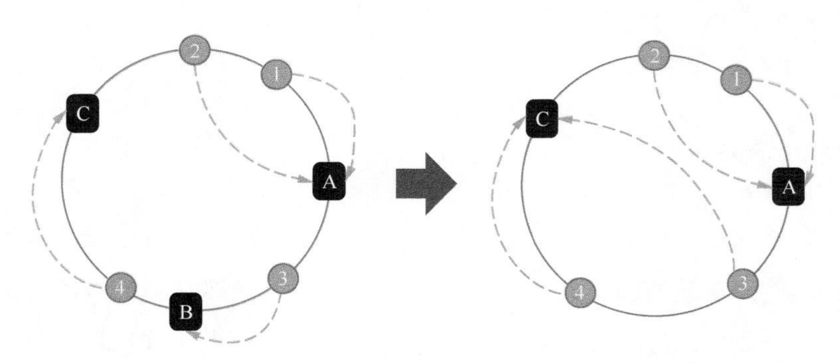

图 5.6　一致性哈希算法的例子

目前，市面上主流的缓存中间件（如 Redis、Memcached 等）都采用一致性哈希算法作为缓存节点选取的核心方法。

5.3.2 扩容注意点

笔者对扩容的态度是：鼓励将扩容作为应急手段，但将其作为容量治理手段时要谨慎，不要滥用扩容和随意扩容。

在实际工作中，不少业务研发人员一旦遇到服务容量不足，第一个想法就是扩容，而服务自身的性能优化工作，包括异步处理、读写分离、增加缓存、SQL 调优等，往往会被忽略，这有很大风险。首先，容量治理工作是需要考虑成本的，如果纯粹依靠扩容去支撑性能低劣的服务，浪费的是大量的资源和金钱；其次，扩容也很容易引发边际递减效应，也就是说，在服务资源达到一定规模后，再扩容的代价会大幅上升。

笔者在一家国内互联网公司推动容量治理工作时，说得最多的一句话就是：“不要随意扩容！”甚至每到大促活动时，笔者都会与架构师合作，如果业务方提交的扩容工单中只提到了对扩容资源的需求，而没有考虑任何服务层面的性能优化措施，这样的工单会被直接拒绝。具备谨慎扩容的意识相当重要，如果大量的容量问题都依靠扩容去解决，服务资源的成本就会越来越高。

除了避免滥用扩容和随意扩容，另一个注意点是，扩容不能只关注服务本身的资源占用情况，还应关注对底层资源的影响，如对数据库资源、中间件资源等的影响。

举个简单的例子，某服务集群有 10 个容器实例，每个实例会建立 100 个数据库连接，总计 1000 个连接，假设数据库支持的连接数上限为 1200 个，那么暂时是够用的。但如果我们在当前服务集群上再扩容 5 个实例，那么总的数据库连接数将会达到 1500 个，这就超出了数据库的承载极限。因此，我们在对服务进行扩容时，对数据库也需要同步扩容。

再分享一个稍复杂的例子，在微服务架构中有一个服务发现机制，每个服务可以通过该机制获取被调用服务的位置。服务发现机制的一种实现方式是，由一个注册中心建立对每个服务实例的长连接，并维护一个服务状态列表，这样一旦服务状态发生变化，注册中心就能够第一时间感知到并对服务状态列表进行更新。

我们很容易想到，这些建立的大量长连接可能会产生容量瓶颈（主要是消耗内存），当我们对服务进行扩容时，实际上就是增加了服务实例，这会产生更多的长连接。因此在这种服务模式下进行扩容时，注册中心也需要考虑扩容。

如果读者觉得扩容要考虑的注意点太多，不妨先梳理出被扩容服务的调用链路，看一看流量经过了哪些服务和中间件，分析这些地方会不会受到扩容的影响，再采取相应措施。

5.4 限流：让我“缓一缓”

扩容的出发点是尽可能提供足够的资源以保证服务容量充足，但容量治理是需要兼顾成本的，限流就是在控制成本的情况下对服务容量的一种保护措施。此外，即使进行了充分的容量规划和系统优化，我们依然无法保证线上流量一定百分之百在既定的容忍范围内，因为总会有各种各样的突发事件发生，如果流量峰值超过了系统能够承载的极限，相较于紧急扩容，提前设置合理的限流对系统进行过载保护，是更主动的方式。

下面，我们分别从限流策略和限流位置两个角度，对限流实践展开讨论。

5.4.1 限流策略

我们可以将常见的限流策略形象地归纳为“两窗两桶”共4种算法，分别为固定窗口算法、滑动窗口算法、漏桶算法和令牌桶算法。下面我们分别讲解它们的原理。

1. 固定窗口算法

固定窗口算法的原理非常简单，如图5.7所示，我们可以将时间线分隔为固定大小（如

1s）的窗口，同时设置每个窗口的限流值（如 3 个请求），每个窗口拥有自己的计数器。在每个窗口期内，每收到一个请求则计数器加 1，如果在同一个窗口期内收到的请求数量超过阈值，则丢弃后续请求，直接进入下一个窗口期。

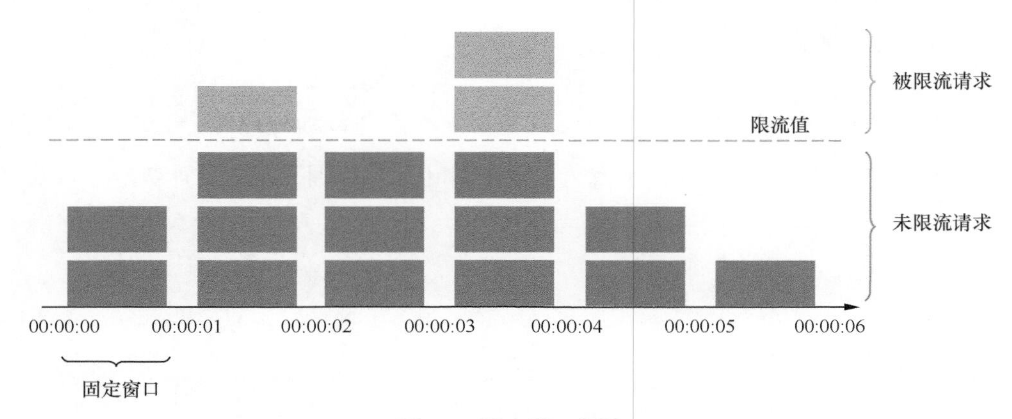

图 5.7　固定窗口算法

固定窗口算法的实现很简单，但是它有一个显而易见的问题，称为"临界问题"。我们来看一个例子，假设我们将窗口设置为 1s，限流值设置为 5，也就是每秒限制处理 5 个请求。然而，当请求集中在两个窗口的边界处时，就有可能出现图 5.8 所示的情况，虽然请求量没有超过前后两个窗口的限流值，但在边界处的 0.4s 内共处理了 10 个请求，已经远远超出了我们所期望的限流值，这是有风险的。

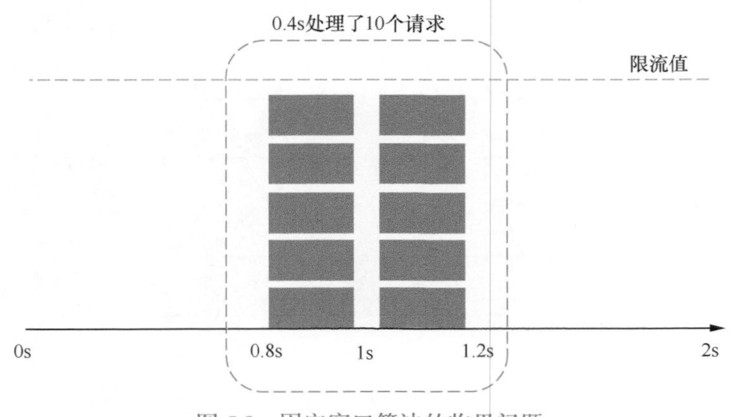

图 5.8　固定窗口算法的临界问题

2. 滑动窗口算法

滑动窗口算法对固定窗口算法进行了改进，解决了临界问题。它的原理依然是将时间线分隔为固定大小的窗口，但是会将每个窗口划分为多个小周期，分别计算每个小周期内的请求个数，并不断删除过期的小周期。

如图 5.9 所示，我们将窗口设置为 1s，如果需要限制每秒处理 5 个请求，那么就可以将 1s 的窗口再划分为 5 个小周期，每个小周期占用 0.2s，并拥有自己的计数器。每 0.2s 后，整个窗口将向右滑动一格，即向前移动一个小周期。

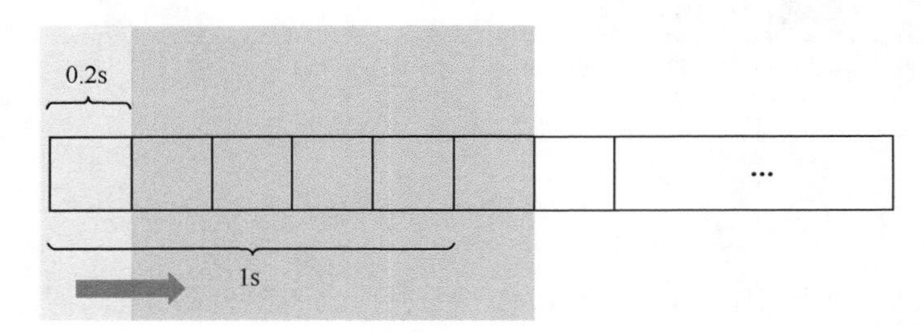

图 5.9　滑动窗口算法

我们来看一下滑动窗口算法是如何处理临界问题的。如图 5.10 所示，假设我们在 0.8s ～ 1.0s（黄格）接收到了 5 个请求，而在 1.0s ～ 1.2s（紫格）又接收到了 5 个请求。由于滑动窗口在 1.0s 这个时间点后会向右移动一格，因此当前窗口（蓝色框）的总请求数就超过了阈值 5，将会触发限流，抛弃紫格中的 5 个请求。

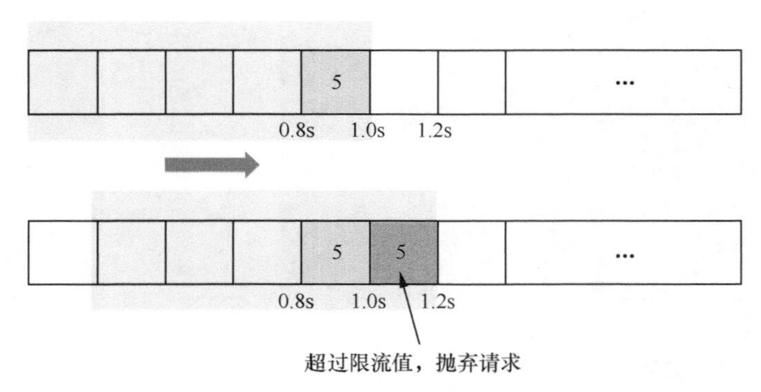

图 5.10　滑动窗口算法对临界问题的处理

由此可见，滑动窗口算法其实就是更细粒度的限流，小周期划分得越多，限流就越精确，当然，代价也就越高。

3. 漏桶算法

想象有一个水桶，我们可以向水桶中注水，同时水桶的底部有一个漏孔能以固定的速度向下漏水，当注水的速度过快，水超过水桶的容量时将溢出。如图 5.11 所示，我们将注水的过程视为发起请求，将漏水的过程视为处理请求，将水溢出的过程视为抛弃请求，这就是漏桶算法的原理。

图 5.11　漏桶算法

我们注意到，发起请求（即注水）的速度可以是任意的，而处理请求（即漏水）的速度是恒定的，这是漏桶算法的最大特点。

4. 令牌桶算法

我们再次发挥想象力，如图 5.12 所示，想象有一个装令牌的桶，我们以固定的速度（即限流值）向桶中放入令牌，如果令牌放满了，就丢弃令牌。与此同时，系统每接收到一个请求都要尝试到桶中拿一个令牌出来，如果成功拿到了令牌，则处理请求，反之，则抛弃请求。

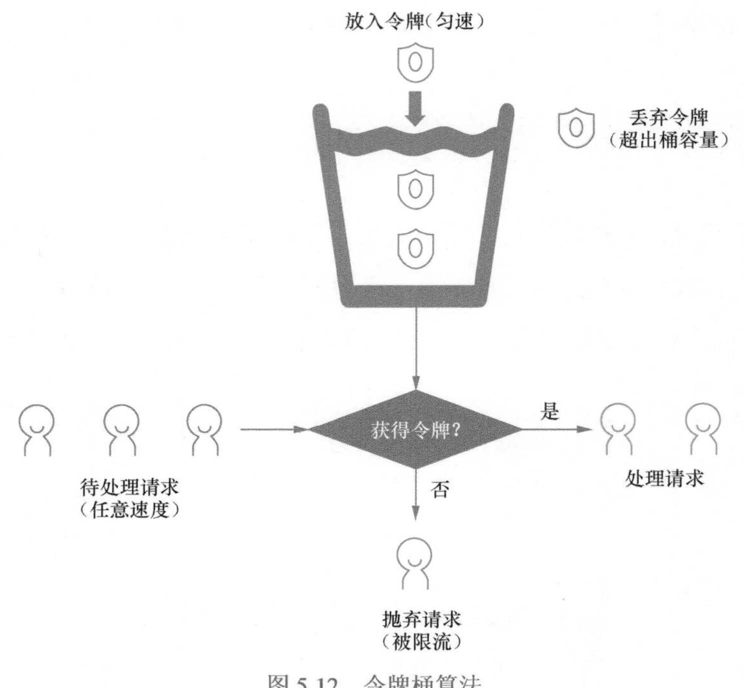

图 5.12　令牌桶算法

令牌桶算法最大的特点是它能够快速处理一定的突发流量，假设令牌桶中有 100 个令牌，那么它就可以瞬间处理 100 个请求。

另外，这 4 种常见的限流策略所对应的算法同样适用于分布式系统，只不过涉及的队列、桶、令牌等模型需要变更为全局模型，并充分考虑限流值与集群规模的对应关系。

在掌握了上述 4 种限流策略后，我们需要根据实际情况从中选取适合的限流策略。这里特别重要的一点是，限流策略的选择和业务场景应当是高度相关的，不能想当然地认为复杂的策略就一定好。为了让读者能更深刻地理解这一点，笔者总结了上述 4 种限流策略中与业务场景紧密相关的三大流量控制方式，分别是流量整形、容忍突发流量和平滑限流，它们的含义如下。

- 流量整形：指无论流量到达的速度多么不稳定，在接收流量后，限流策略都将其匀速输出的过程，即“乱进齐出”。

- 容忍突发流量：指的是限流策略允许流量在短时间内突增，且在突增结束后不会影响后续流量的正常限制。
- 平滑限流：指的是在限流周期内流量分布均匀，例如限制 10s 内请求次数不超过 1000，平滑限流应做到分摊到每秒处理的请求不超过 100 次。不平滑限流有可能在第 1s 就处理了 1000 次请求，后面 9s 无法再处理任何请求。

结合不同限流策略对流量控制方式的具体支持情况，我们汇总出表 5.2。

表 5.2 不同限流策略对流量控制方式的具体支持情况

限流策略	流量控制方式			
	流量整形	容忍突发流量	平滑限流	实现复杂度
固定窗口算法	不支持	不支持	不支持	低
滑动窗口算法	不支持	不支持	不支持	中
漏桶算法	支持	不支持	支持	高
令牌桶算法	支持	支持	支持	高

有了表 5.2，我们就可以根据业务场景选择合适的限流策略了。例如，固定窗口算法无法容忍突发流量，但它实现简单，资源消耗少，如果应用服务的流量是平缓增长的，也没有流量整形的需求，那么采用固定窗口算法进行限流就不失为一种合理又经济的选择；相反，如果应用服务经常需要应对诸如大促场景这样的突发流量场景，那么使用令牌桶算法进行限流往往会更适合。

总之，根据每种限流策略的特点在具体业务场景中合理使用限流策略，才能发挥出它的最大价值。

5.4.2 限流位置

讲完了限流策略，让我们将视线转向另一个角度，即从限流位置的角度来探讨限流实践。这里我想说明的核心理念是：良好的限流应该是分层次的。例如，有三峡大坝这个“巨无霸”在上游作为“挡板”调控洪峰，下游有葛洲坝、溪洛渡这样的中型水电站进一步调节水量，再往下还有无数小型水库进行精细化控流，形成了全方位保护的机制。限流也是同样的道理。

根据不同的限流位置，限流可以被划分为网关层限流、接入层限流、应用层限流、数据库层限流等。图 5.13 自上而下地描述了服务的流量走向，非常清晰地体现出了层次化的限流思路，每个位置（每层）都恰如其分地加入了相应的限流策略，具体解读如下。

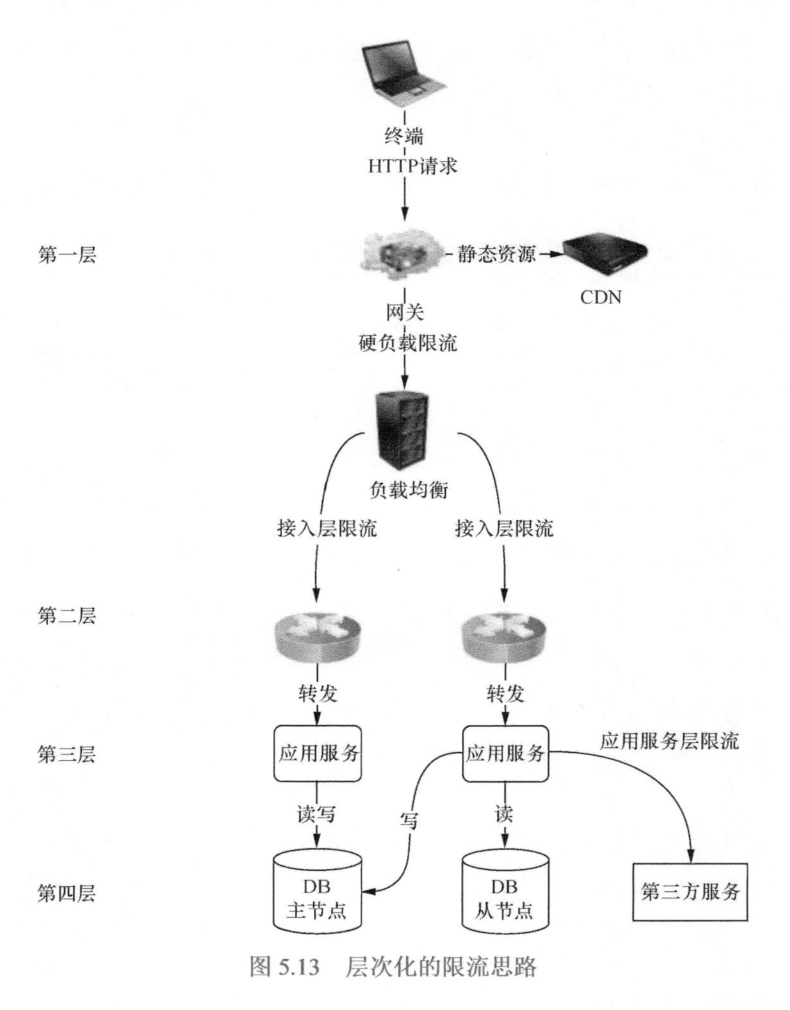

图 5.13 层次化的限流思路

第一层，网关可以针对域名或 IP 地址进行硬负载限流，静态资源直接分发到 CDN，在这一层还可以将一些不合法的请求拦截，不让其进入下游（下一层），仅放过合法请求。

第二层，硬负载和接入层都可以实施负载均衡和限流措施，分担服务压力。它们的限流粒度比网关层的更细，但没有办法对单个服务实例进行限流。

第三层，到了应用服务层，每个服务可以有自己的单机或集群限流，调用第三方服务时，也可以单独进行限流。

第四层，采用读写分离的方式，分流数据库压力，也可以针对数据库读写请求进行限流。

在制定每一层的限流策略时，我们都应该基于不信任上层限流的思维进行，这样即便某一层限流机制出现问题，也不至于引发系统的全局问题，这样形成的限流体系才是最健壮、最可靠的。

5.5 降级：弃车保帅

降级从系统功能角度出发，人为或自动地将系统中某些不重要的功能暂停或者简化，以降低服务负载，被释放的资源可以用来支撑系统中更核心的功能。简而言之，就是弃车保帅。

降级与限流有明显的区别，前者通过牺牲一部分功能、用户体验，甚至服务来保住容量，而后者则是通过牺牲一部分流量来保住容量。一般来说，限流的通用性会更强一些，因为每个服务理论上都可以设置限流，但并不是每个服务都能降级，例如，交易服务和库存服务就无法被降级。

5.5.1 降级实现

降级的技术实现并不困难，其原理是先设置开关（相当于程序中的分支逻辑），再将开关放至配置中心做集中式管理。如图 5.14 所示，配置中心定期同步和管理（拉取和订阅）服务中降级开关的信息，并对这些信息进行缓存以提升容错性，用户通过控制台操作降级开关后，配置中心向服务下发变更指令，达到降级的目的。需要注意的是，开关不一定只有“开”和“关”两种状态，我们也可以设置数值型开关或百分比开关，以精确控制某些功能降级的幅度。

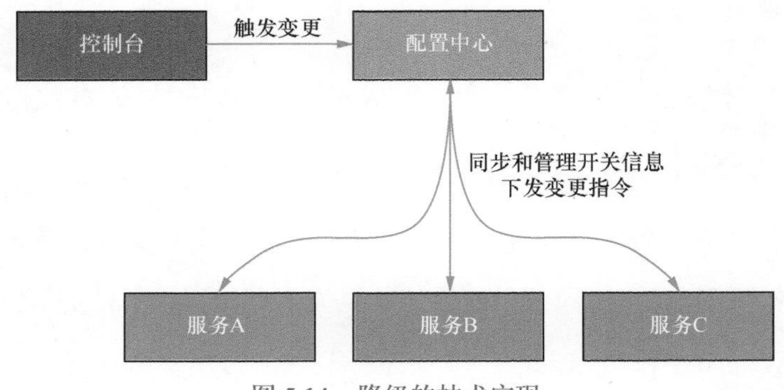

图 5.14　降级的技术实现

我们还要强调一点，配置中心本身应该是高可用的，它所基于的系统资源和部署区域应当与业务服务尽可能隔离，以免需要降级时，由于配置中心不可用而导致无法操作降级的情况出现。

降级是微服务架构所具备的常见功能，主流的开源微服务框架几乎都实现了降级功能，以下代码展示了基于 Hystrix 实现的降级。

```
@RestController("test")
public class TestController{
        @Autowired
        private TestTemplate testTemplate;

        // 使用 fallbackMethod 指定降级方法 @HystrixCommand(fallbackMethod=
        //"queryUserByIdFallBack")
        public String queryUserById(@Param("id")Long id){

        }
        public String queryUserByIdFallBack(Long id){ // 降级方法
```

```
            return "系统繁忙，请稍后再试！";
        }
    }
```

当然，实现降级功能只是第一步工作，如何管理众多的降级开关，真正将它们的作用落实到位，在发生服务容量问题时能够及时止损甚至提前止损，这是一门大学问。下面我们展开介绍降级策略和要点。

5.5.2 降级策略和要点

降级策略在互联网行业的应用非常广泛。例如，某大型电商在“双 11”当天会将退货功能降级，以确保核心交易链路的容量充足；某生鲜公司在流量高峰期时，会将一部分个性化推荐功能降级，以确保导购链路的工作正常等。表 5.3 总结了常见的降级策略和范例。

表 5.3 常见的降级策略和范例

降级策略	范例
牺牲用户体验	不展示个性化推荐，不展示搜索热词，不展示缩略图
放弃部分功能	不允许退货，不允许评论
降低安全性	不调用风控接口，不记录审查日志
降低准确性	排序不带权重，搜索内容不是最新的
降低一致性	库存信息不做强一致性校验，允许一定的超卖
降低数据量	评论只显示 100 条，历史订单只能查看最近 3 个月的记录

基于这些策略，我们进一步讨论降级的要点。

1. 自动降级与人工降级

降级策略需要平衡好自动降级和人工降级这两种方式。根据预置的触发条件自动执行降级固然快速、便捷，但某些场景的降级触发条件其实很难判断。例如，在系统偶发“抖动”的情况下，到底要不要降级是需要根据实际业务情况做综合判断的。此外，对于一些涉及第三方合约的降级开关需要谨慎操作。例如，对支付宝支付、微信支付这类功能的降级，需要与对方确认后方可执行。

自动降级比较适合触发条件明确、可控的场景。例如，请求调用失败次数大于阈值、服务接口超时等情况；还有一些旁路服务（如风控服务等），如果其负载过大也可以直接触发自动降级。

图 5.15 对降级策略的要点进行了总结。

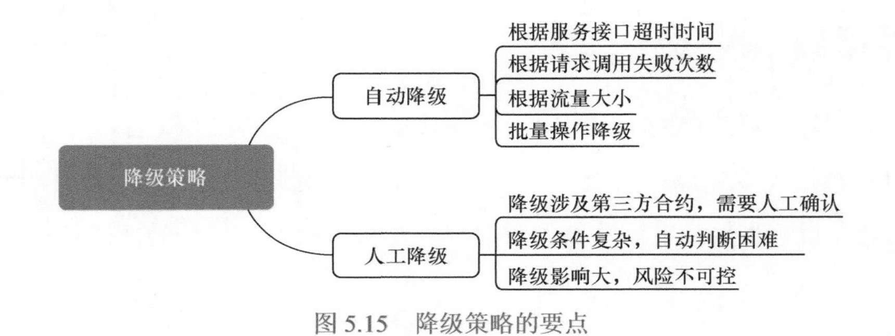

图 5.15 降级策略的要点

2. 降级分级

降级需要分级，其主要原因是降级操作一般都是对业务有损的（如果无损，那么被降级的功能是否还有存在的必要就值得考量了），如果“温柔的”降级已经能够释放足够的服务容量，我们就没有必要过度降级。

基于这一理念，我们应当根据降级对业务的影响程度，制定降级的分级策略。例如，在系统的导购链路上，针对个性化推荐和滚动热词功能的降级就属于不太影响用户使用的范畴，可以定为 1 级降级；而不展示商品图片和评价内容这类降级，明显会对用户使用造成不便，应定为 2 级降级。在真正发生容量问题时，我们可以先执行 1 级降级，如果服务恢复，则无须执行 2 级降级。

3. 降级演练

降级需要演练，而且要频繁演练。有些服务的降级逻辑由来已久，随着服务代码的迭代更新，这些降级逻辑也许已经失效了，如果在服务发生容量问题需要操作降级时才发现没有效果，这是非常危险的。通过高频演练可以及时暴露这些无效的降级开关，防患于未然。

降级演练也可以提升技术人员的操作熟练度和敏感度，以及团队间的协作水平，在真正需要操作降级的时候能够做到井然有序、胸有成竹。

5.6 熔断：上游的服务，我们来保护你

在讨论熔断的概念前，我们先来看一个“连锁失效”（cascading failure）的例子。图 5.16 所示为一次请求的调用链路，其中涉及 4 个服务。假设服务 4 由于容量问题导致响应时间增长或响应失败，那么依赖服务 4 的服务 3 的响应时间也将增长或响应失败，最终扩散到服务 2 和服务 1，导致整条服务链路“雪崩”。

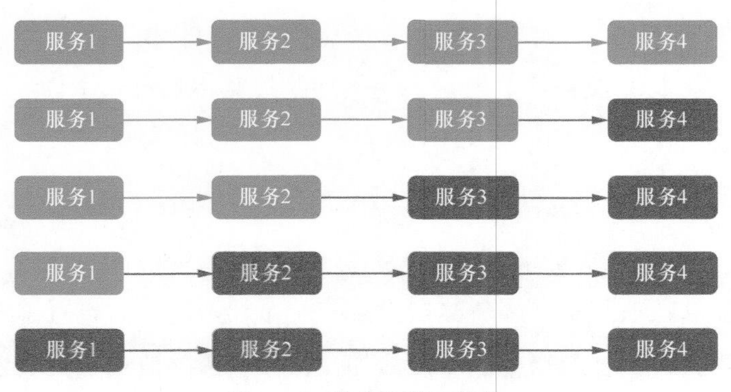

图 5.16　请求的调用链路

如果我们能够在服务 4 发生故障时，向调用方返回一个可处理的 Fallback 响应，而不是长时间等待或者抛出调用方无法处理的异常，这样就可以保证调用方的线程不会被长时间不必要地占用，从而避免了故障随着调用链路蔓延，最终导致雪崩，这就是熔断的概念，如图 5.17 所示。

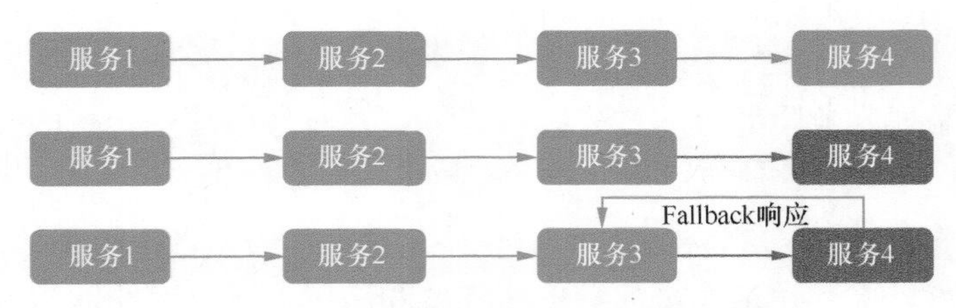

图 5.17 通过服务熔断机制避免故障蔓延

简而言之，熔断就是当某个服务出现故障时，为防止其影响整个系统而断开自身对外服务的一种保护措施。这与保险丝的原理是类似的，宁愿让电源通过跳闸断电，也不能将整个房屋的总电源击穿。

熔断和降级的主要区别在于，熔断是一种位于服务端的保护机制，服务提供方负责返回 Fallback 响应给客户端；而降级通常在客户端触发，服务消费方不再发起或减少对其他服务的调用。

下面我们来看一下熔断的实现原理。熔断的核心是熔断器，这是一个典型的状态机，有 3 种状态：关闭（closed）、开启（open）、半开启（half-open）。可以说，实现了这个状态机中的各个状态逻辑及变换条件，也就实现了熔断的基本功能。下面，我们展开讲解这 3 种状态。

1. 关闭

关闭是熔断器的默认状态，熔断器自身持有一个计数器，并设置了一个阈值，当服务调用每出现一次错误时，计数器就做一次累加操作，当累加值达到阈值后，熔断器状态将切换为开启状态，即开始熔断。与此同时，熔断器还会开启一个超时时钟，当该时钟计时超过一定时间时，熔断器状态切换到半开启状态。

2. 开启

在开启状态下，熔断器拒绝对目标服务接口的调用，直接抛出约定好的 Fallback 响应。

3. 半开启

在半开启状态下，熔断器会放过一定数量的请求以调用目标服务接口进行试探。如果这些请求执行成功，那么我们可以认为服务已经恢复，于是熔断器状态会切换为关闭状态，重新开始计数；如果依然有一定数量的请求出现错误，熔断器状态将重置为开启状态，同时重置超时时钟。

图 5.18 所示为熔断器的状态切换和相应的伪代码。

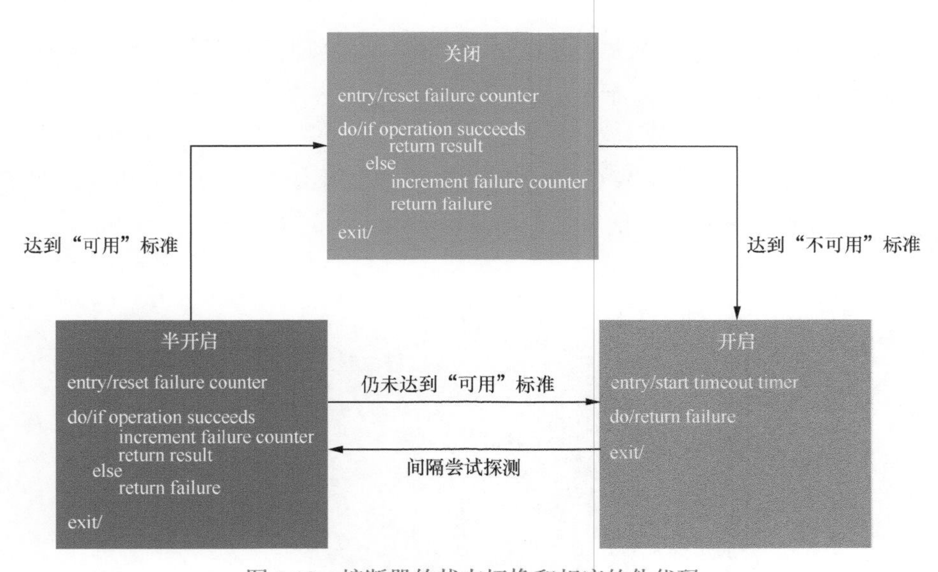

图 5.18 熔断器的状态切换和相应的伪代码

熔断是微服务容量治理的常见手段，业界主流支持熔断的开源工具有 Hystrix、resilience4j、Sentinel 等，它们都经过了大量的生产实践检验，并具有一些辅助的流量控制功能。如果没有特殊需求，通常情况下我们无须自己实现熔断功能，可以借助这些工具达到目的。

5.7 容灾：我还有“一条命”

容灾是服务容量治理的最后一道防线，它是灾难发生时，在确保生产系统的数据尽量少丢失的前提下，保证业务服务不间断运行的手段。其中，灾难包括服务的容量问题，也包括设备故障、误操作、服务缺陷，甚至自然灾害等问题。

容灾有不同的级别，可以分为数据级容灾、应用级容灾、业务级容灾。如图 5.19 所示，这些容灾级别呈现出包含的关系，它们各自的含义如下。

- 数据级容灾：对数据进行备份，当灾难来临时确保系统中的数据不丢失，但不保证系统中的业务的可用性。
- 应用级容灾：在数据级容灾的基础上，再建立一套或多套对等的应用系统，以便在灾难发生时进行切换，保证系统中业务的可用性。
- 业务级容灾：在应用级容灾的基础上，增加了 IT 系统以外的容灾措施，如备用办公地点、备用网络和电话线路等。

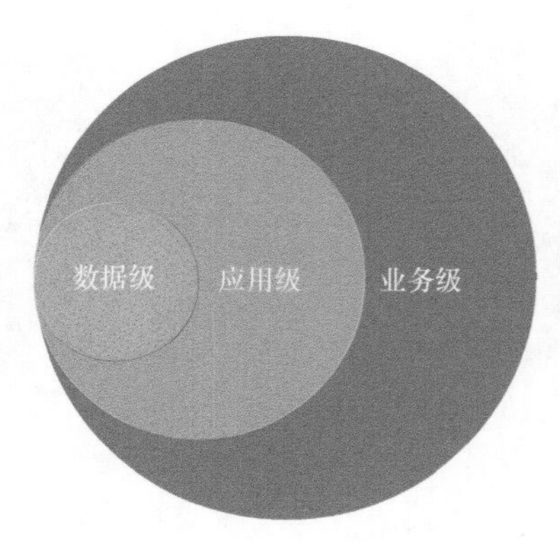

图 5.19　各容灾级别的包含关系

本节，我们主要讨论针对服务容量问题的容灾手段，侧重讨论应用级容灾，即在确保数据完整的前提下，重点保证业务的可用性。

5.7.1　常见容灾手段

常见容灾手段有热备、冷备、双活、多活等。下面简述它们各自的概念。

- 热备：备用数据中心对主数据中心的数据实时备份。
- 冷备：备用数据中心对主数据中心的数据定期备份（或者异步备份）。
- 双活：在两个数据中心分别部署能力相同的业务系统，两个业务系统同时工作且地位对等，不区分主从，它们都具备在某一数据中心发生灾难时，随时接管对方业务的能力。
- 多活：与双活类似，区别是多活拥有多个数据中心，容灾的能力更强。

热备和冷备通常仅做数据备份，因此它们都是不可靠的，一旦出现灾难，我们无法保证切换数据备份后系统的业务可用性；而在双活和多活中，系统中的所有数据中心都持续对外提供业务服务，因此它们是可靠的容灾手段，但建设的成本也高。

5.7.2 容灾衡量指标

我们介绍两个著名的容灾衡量指标——RTO（Recovery Time Object，恢复时间目标）和 RPO（Recovery Point Object，恢复点目标），它们的含义如图 5.20 所示。

- RTO：指灾难发生后，从系统宕机导致业务停顿开始，到系统恢复至可以提供正常服务为止，所经历的时间。
- RPO：指灾难发生后，容灾系统进行数据恢复，并恢复完数据所对应的时间。

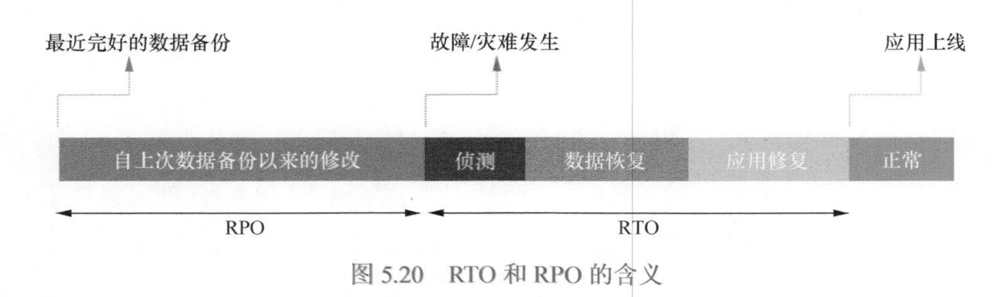

图 5.20 RTO 和 RPO 的含义

我们都希望出现灾难时系统能够立刻恢复，且完全没有数据丢失，即 RTO 和 RPO 皆为 0，但实际上要达到这个目标需要投入大量的成本，两者是无法兼得的，我们应根据业务系统的容灾需求选择满足最佳成本的容灾手段。

了解了各项容灾手段和衡量指标后，我们再来讲解一些主流的容灾方案。

5.7.3 两地三中心

两地三中心是应用最为广泛的容灾方案之一。如图 5.21 所示，它包含两个同城机房和一个异地灾备中心，合起来就是两地三中心。其中，两个同城机房是以主从形式同时对外提供服务的，而异地灾备中心通常是以冷备形式存在的，当两个同城机房中的任一机房发生故障，我们都可以将用户流量切换至另一个机房，完成容灾操作；当两个同城机房所在城市或者地区出现异常而导致它们都无法对外提供服务的时候，异地灾备中心可以用备份数据帮助它们恢复业务。

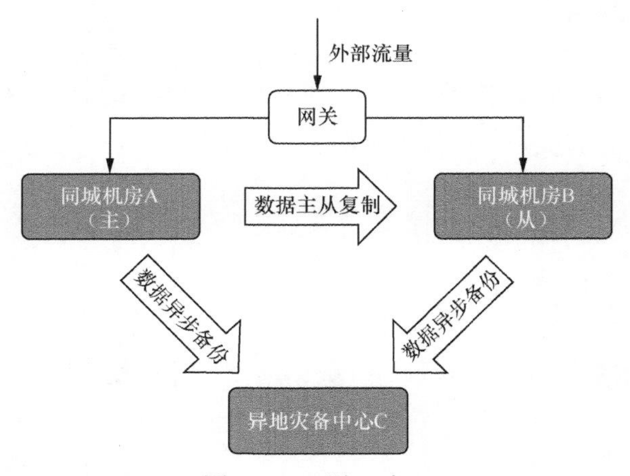

图 5.21　两地三中心

两地三中心很好地平衡了容灾成本和可靠性，在最优情况下（从节点所在机房发生故障，立即将全部流量切换至主节点所在机房），两地三中心的 RPO 和 RTO 都可以接近 0。而且由于两个机房位于同一个城市，传输时延很小，基本可以将其所在网络视为局域网，因此不需要对系统架构进行大量改造。同时，万一发生地区级别的故障，如光缆损坏、自然灾害等，我们也有一个异地灾备中心能提供“兜底”的数据恢复，虽然业务可能会因此中断一段时间，但考虑地区级别故障的发生概率极小，这个风险通常是可以容忍的。

不过，两地三中心也有它的缺点。首先，冷备是不可靠的，切换冷备通常需要较长时间恢复和校验数据；其次，冷备通常情况下不承载生产流量，这在一定程度上造成了资源浪费；最后，两个同城机房是以主从形式对外提供服务的，数据本质上还是单点写入，性能瓶颈依然存在。如果企业对服务和数据的容灾能力要求更高，我们就需要引入更强大的方案，这就是下面我们要介绍的异地多活方案。

5.7.4 异地多活

异地多活是指有多个分布在不同地区（城市）的机房同时对外提供服务的容灾方案。由于多个机房分布在不同地区，异地多活的容灾能力是非常强的。

异地多活不仅仅是让多个机房同时“活着”那么简单，其中最大的挑战在于，与同城机房之间的网络时延可以忽略不计不同，位于异地的机房之间的网络时延较大，而且在微服务架构下，一次请求会涉及多次服务调用，于是网络时延可能还会被成倍地放大，最终达到无法容忍的程度。因此，要实现异地多活，我们需要定义清晰的服务边界，减少服务的相互依赖，让每个机房都成为独立的单元，业务场景可以在这个单元内闭环完成，尽量不依赖其他单元。这种做法被称为“单元化”。

当然，有些强一致性的业务场景是无法单元化的。例如，针对业务中的注册和登录功能，我们可以设置一个强一致的数据区，以实现跨机房的读写分离机制，即所有的写操作被定向到一个机房 master 库执行，以保证一致性，而读操作可以在每个机房的 slave 库执行，也可以绑定到一个机房 master 库执行，由数据库中间件进行控制。

图 5.22 所示为异地多活的架构。我们按照一定的规则将外部流量路由至位于异地的多个机房，每个机房的数据库都有自己的主库和从库，形成了有别于两地三中心的多主（multi-master）结构。多个主库之间通过数据复制中间件实时同步数据，以确保每个机房的数据一致。对于缓存、消息队列等存储数据的中间件也需要设置类似的机制。

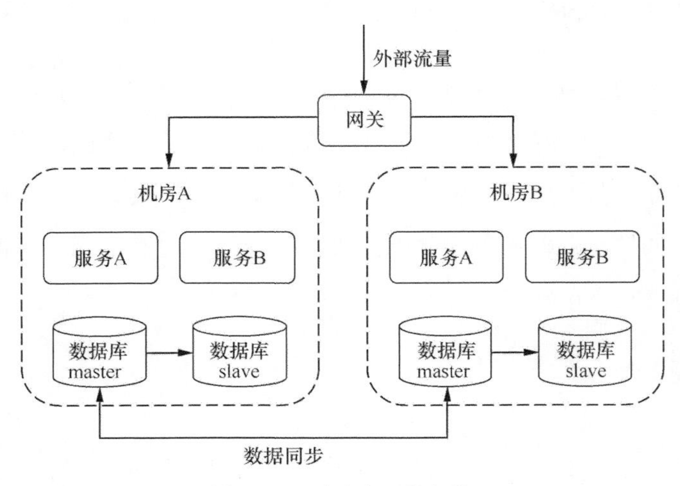

图 5.22 异地多活的架构

异地多活架构是分布式系统中规模最大的副本集（replication）和分区（partition），它有如下特点。

- 几乎无限的水平扩展能力：单一机房的分布式系统是无法真正实现无限水平扩展的。对于无状态的集群，我们可以无限增加资源实现水平扩展，但对于有状态的集群，如 MySQL、Redis 等，如果沿用单 master 的架构，最终必然会成为整个分布式系统的瓶颈。异地多活架构通过多主结构实现了几乎无限的水平扩展能力。
- 机房级别的容灾能力：这是异地多活架构最为重要的价值之一。在发生机房级别的故障时，我们可以将所有流量从一个机房切换到另一个机房，实现机房级别的容灾。
- 高性能：异地多活能够保证用户访问的请求被路由至较近的机房，因此能够获得更高的性能。

5.8 预案建设：提前准备，胸有成竹

在容量治理工作中，预案建设是非常重要而又容易被忽视的环节，即便我们拥有强大

的容量治理手段，如果因缺乏预案导致真正出现容量问题时未能将这些手段有效地利用起来，那么依然达不到容量治理的最终目的。

本节，我们将介绍预案的一些概念，并总结预案制定的要素，同时介绍预案演练的要点。

5.8.1 认识预案

预案是根据评估分析或实践经验，针对潜在的或可能发生的突发事件而事先制定的应急处置方案。预案在我们的日常生活中处处可见，图 5.23 展示了一些日常生活中常见的预案。

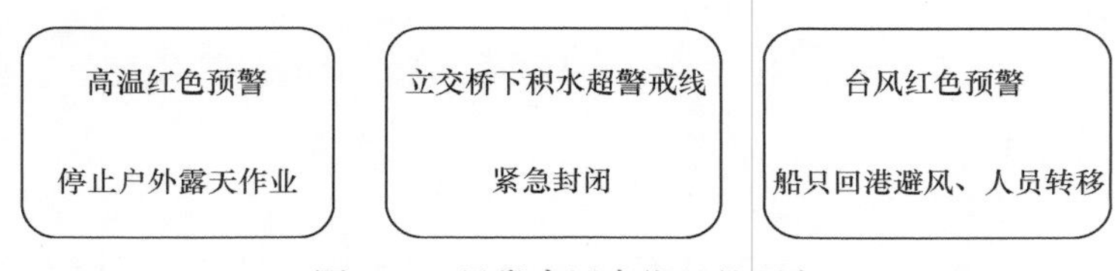

图 5.23 日常生活中常见的预案

一个完整的预案包含多个要素，我们针对软件行业的特点，将预案要素总结为以下 5 个方面。

- 负责人：预案需要有专人负责维护和更新，避免出现“无主”状态。
- 服务对象：预案所适用的服务或场景。
- 执行条件：在什么情况下需要执行预案，执行条件应可观察、可衡量。
- 预案内容与操作步骤：包括预案执行的具体内容和步骤，需确保没有歧义，易于理解，可以以“标准操作程序”的形式呈现这些内容。
- 影响面：执行预案后对业务和用户的影响，辅助相关人员进行决策。

下面我们来看一个简化过的、针对天气服务异常的预案范例，以便更好地理解预案的 5 个要素。

- 负责人：张三。
- 服务对象：天气服务。
- 执行条件：第三方天气（天气服务）供应商异常（接口调用成功率下降到 80% 以下）。
- 预案内容与操作步骤：执行降级，不显示天气情况。
- 影响面：用户将无法查看实时天气情况，展示最近一次缓存的天气信息。

熟悉了预案的五大要素后，下一个问题是我们应该制定哪些预案？换言之，我们应该从哪些角度出发去梳理预案？可以参考以下几点。

- 历史故障回溯：分析历史上已经发生的故障，反思我们缺失了哪些预案，抽象出共性进行补齐。
- 基于架构梳理：分析软件系统的架构设计，评估潜在的风险点并设计预案。
- 基于用户行为：从用户行为角度出发，分析可能会对用户产生影响的风险点并设计预案。

完善的预案是保证业务快速恢复的重要手段，但大量的预案也会造成一定的管理难度。我们可以搭建一个统一的预案平台，将所有预案分门别类地注册在这个平台上，并关联相应的降级开关、限流设置等，方便管理和操作。

5.8.2 预案演练

如图 5.24 所示，一个预案的生命周期包含 5 个环节，分别为制订、演练、实施、生效和失效。其中，演练是最为关键的环节，没有经过演练验证的预案本身就是一个巨大的风险，未演练过的预案是不能进入实施环节的。

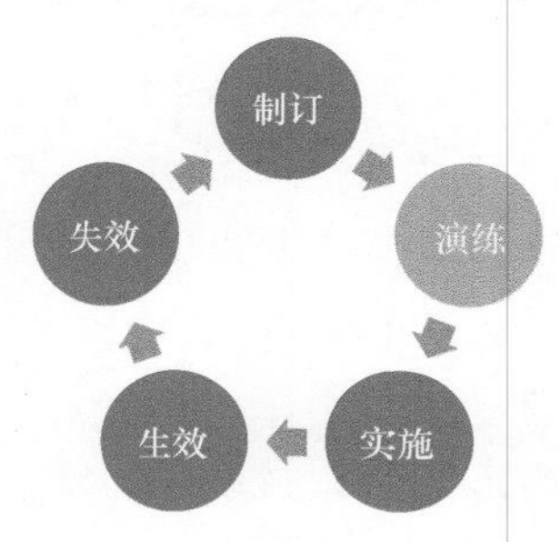

图 5.24 预案的生命周期

我们都不愿意在执行预案时才发现预案是无效的（如开关失效、限流值过期等），而预案演练能够保障预案是可执行的、人员能够熟练操作、影响范围周知，还能够减少人员误判、降低风险、防止预案腐化，因此它是非常重要的工作。

以下我们总结了预案演练的一些要点。

- 预案是作用于生产环境的，因此预案演练也需要在生产环境或预发环境中进行，防止因环境因素导致预案失效。如果预案演练会导致业务受损，应控制演练的时间段（如低峰期）和范围（如某个机房）。
- 预案演练不仅要演练预案生效的情况，还要演练预案失效（恢复）的情况。
- 预案演练需要定期实施，以免周期过长导致人员操作生疏，在真实故障发生时手忙脚乱。
- 预案演练不是完成就好，还应进行仔细复盘，对演练过程中发现的问题及时总结，并做出改进。
- 不同的预案是有可能共同实施的，因此需要适当加入一些预案叠加的演练场景。

5.9 本章小结

本章，我们系统性地介绍了微服务架构下的容量治理工作，包括扩容、限流、降级、熔断、容灾这5个常用手段，并讲解了容量指标分析和预案建设的相关内容。容量治理是一项实践性很强的工作，需要结合实际工作场景进行综合应用，方能取得良好的效果。

- 微服务架构的容量风险主要来自分布式系统的复杂性，以及为应对这些复杂性而引入的组件或机制。
- 我们需要联动多个指标来分析和排查服务的容量风险，不应只关注单一指标。
- 当我们遇到容量指标抖动的情况，尤其是一些“莫名其妙”的抖动时，不要忽视它，要尽可能找到根因。
- 鼓励将扩容作为应急手段，但将其作为容量治理手段时要谨慎，不要随意扩容和滥用扩容。
- 如果流量峰值超过了系统能够承载的极限，相较于紧急扩容，提前设置合理的限流对系统进行过载保护，是更主动的方式。
- 在制定每一层的限流策略时，我们都应该基于不信任上层限流的思维进行，这样即便某一层限流机制出现问题，也不至于引发系统的全局问题，这样形成的限流体系才是最健壮、最可靠的。
- 降级的业务属性更强，合理的降级策略能够帮助我们精确控制影响面，从而尽可能降低对核心用户的影响。
- 熔断就是当某个服务出现故障时，为防止其影响整个系统而断开自身对外服务的一种保护措施。这与保险丝的原理是类似的，宁愿让电源通过跳闸断电，也不能将整个房屋的总电源被击穿。

- 两地三中心很好地平衡了容灾成本和可靠性，在最优情况下（从节点所在机房发生故障，立即将全部流量切换至主节点所在机房），两地三中心的 RPO 和 RTO 都可以接近 0。
- 异地多活是分布式系统中规模最大的副本集和分区。
- 没有经过演练验证的预案本身就是一个巨大的风险，未演练过的预案是不能进入实施环节的。

第 6 章　容量规划与容量预测

容量规划与容量预测不仅仅是一个技术问题，更是一个全局资源规划的成本管理问题。

说到容量规划和容量预测，我们先来看下面这个问题。

“双 11”期间，网站需要举办大促活动，我们现有的服务器能不能支撑这些大促活动所产生的访问量？如果不能，用多少台服务器可以支撑，又不至于太浪费呢？

这是一个非常经典的容量规划问题，既体现了容量规划的预测思想，又体现了容量规划对成本的考虑。我们由此可得出容量规划的概念：容量规划是预测未来负载水平何时会使系统饱和，以及确定一个尽可能延迟系统饱和的最经济的办法的过程。

阿里巴巴的一位研究员曾经说过：“今天如果有人问我‘双 11’活动的技术保障该怎么做，我会告诉他一个非常简单的方法，那就是做好容量规划。”在做好容量规划的基础上，全链路压测才能够更好地发挥验证作用，两者相辅相成，才能共同保障业务系统的稳定运行。

本章，我们将讲解容量规划和容量预测的基础知识和相关技术，其中不仅会介绍容量规划的传统方法，还会介绍先进的智能化容量预测方案，以及通过排队论这一数学方法进行容量规划等内容。

6.1 容量规划的本质

人们在进行容量规划时，很容易陷入技术陷阱。例如，人们时常将精力放在如何精准地预测容量水位和服务所需的资源规模上，而忽略了我们实施容量规划的本质——成本管理。

容量规划的目的是“省钱”，即使我们可以非常精准地预测项目在未来所需的资源，但究竟是购买这些资源，还是通过性能优化节省出这些资源，抑或是保持资源不变但通过限流等手段消除容量风险，这是需要统筹规划的。因此，容量规划不仅仅是一个技术问题，更是一个全局资源规划的成本管理问题。我们如果未能认识到这一点，就很难平衡好成本与收益的关系。

然而，成本管理本身就是一个很大的难点，这是因为工程师主要面对的是技术问题，更关注技术层面的目标，而公司管理层则倾向于将项目成果和业务价值作为核心目标，成本只有在特定的业务发展时期才会被重视，或者在很晚时才会被考虑。

从全局来看，如果在业务发展前期对资源、成本缺乏规划，等业务发展到一定阶段，拿到机器账单，惊叹机器花费巨大时，再想降低成本，可能已经错过了最佳时机，因为容量规划和技术改造等工作都需要经历一段相对长的时间。事实上，不少企业都经历过“高成本”的降本过程，仅仅是梳理相关的预算项目就花费了大量的人力、物力，而他们完全可以做得更好。

综上所述，容量规划既是一个“技术活儿”，又是一个“管理活儿”。随着业务规模的增长，企业应当逐渐在容量规划上投入一定的精力，这样才能在未来获得更大的收益。

6.2 容量规划的系统化方法

容量规划不仅要保证服务系统能够承载我们期望的流量，还要确保以尽可能少的资源来承载这些流量；更进一步地，在如今开源节流的大背景下，我们还希望以尽可能低的人力成本保障服务的容量安全。

系统化的容量规划方法可以分解为容量测量、容量预测、资源部署、容量验证这4部分内容。它们是层层递进的关系，即先通过测量得到有代表性的容量指标，随后去预测服务未来的容量情况和所需的资源总量，再去采购并部署这些资源，最后验证容量是否达标。下面我们对每部分内容分别进行讲解。

6.2.1 容量测量

在2.5节中，我们已经讲解了大量的容量指标，这些指标都是容量测量的对象，读者可以再回顾一下。这里，我们针对测量过程中的一些要点进行剖析。

第一，虽然不同容量指标的测量方法不一样，但我们可以在视图层将这些指标以一种可配置的方式呈现出来，并达到标准化的效果。Grafana就是贯彻这一理念的典型工具。

第二，测量需要考虑恰当的精度，精度包括采集精度和存储精度，这其实是一个成本问题，因此需要根据不同对象定制化考虑。较高的采集精度将带来更大的计算力开销和更高昂的数据聚合成本，而较高的存储精度则会消耗更多的存储空间。

例如，笔者曾任职的一家公司，它的内部监控系统存储容量数据的精度非常高（并无必要），存储容量却极为有限，这导致数据只能按比例采样，且只能保留一天。可以想象，我们经常会有一定概率查看不到某时刻的指标数据，这就得不偿失了。正确的做法是在成本有限的情况下，适当牺牲一些精度，以尽可能确保数据的完整性。

第三，测量工具自身的性能和健壮性也是需要重点考虑的，不能因为测量工具而导致服务性能下降或出现故障。测量工具或探针应做到随时可降级，且降级操作不能依赖于服务本身，以免出现服务崩溃后无法执行降级的情况。

6.2.2　容量预测

我们认为，在绝大多数情况下容量都是可以预测的，容量规划主要面对的也是可预测的容量。对于突发事件所带来的流量突增，需要通过容量治理手段来应对。

容量预测是一项颇有挑战性的工作，很多时候，我们会依赖人的直觉和经验去做预测。在业务场景相对简单、对预测准确性要求不高时，这也未尝不可，但这种做法绝不是长久之计，尤其是在微服务架构下，影响容量的因素众多，很难单独依靠人力做出准确的判断。

针对单一资源的容量预测，我们可以采用简单的曲线拟合的方式进行，这并不是什么高深的技术，通过 Excel 就能完成。下面，我们来看一个例子。

图 6.1 展示了某服务所消耗的磁盘空间的变化情况，它呈现出缓慢上升的趋势，我们的目标是预测磁盘空间在未来何时将达到上限。思考一下，如果能找到一条近似于串联起已知数据点的曲线，那么我们就可以根据曲线的变化趋势推测未来的磁盘空间占用情况。这里要注意的是，虽然已知的数据点呈现线性上升趋势，但我们通常并不能通过简单的线性直线去拟合这些数据点，因为随着资源使用情况不断接近瓶颈，它的变化趋势可能会加速。

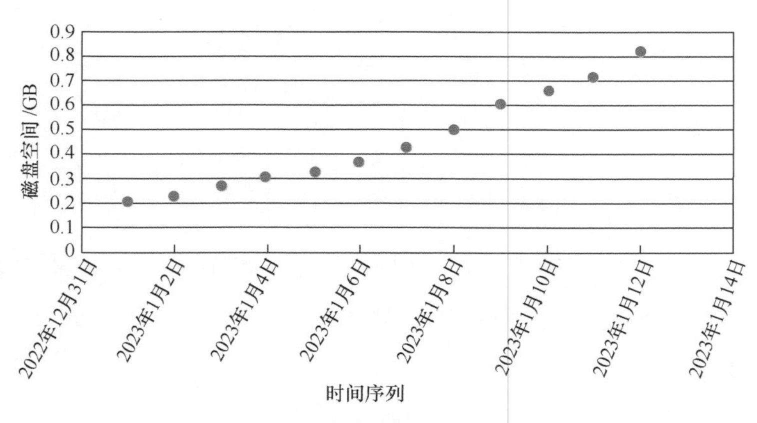

图 6.1　某服务所消耗的磁盘空间的变化情况

基于这一思想，我们可以利用 Excel 的趋势线功能进行容量预测，如图 6.2 和图 6.3 所示，我们选择阶数为 2 的多项式趋势线，Excel 能够给出以此为基准的曲线变化情况（附带公式），我们可以看到，在几天后磁盘空间占用情况将会达到瓶颈。

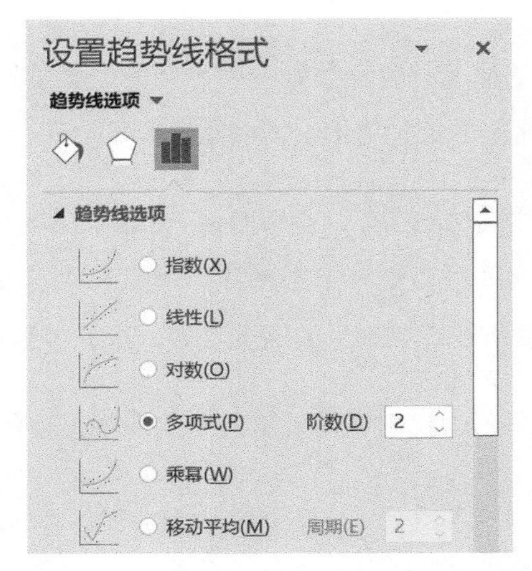

图 6.2　设置阶数为 2 的多项式趋势线

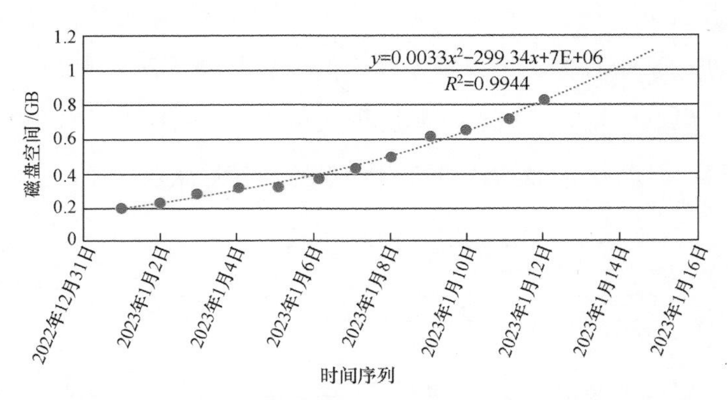

图 6.3　通过多项式趋势线预测磁盘空间在未来的变化情况

上述方法适用于对单一资源进行容量预测。如果我们需要对大规模微服务系统进行全局容量预测，以得到更准确、更系统化的预测结果，上述方法就不太适用了。我们将在 6.3 节介绍一种智能化容量预测方法来应对这种场景。

6.2.3　资源部署

在得到容量预测的结果后，我们需要规划资源以支撑期望的流量，或采用容量治理手段消除容量风险。这里我们重点讲解规划资源后的部署工作所需要注意的地方。

- 部署时机：部署工作应在资源准备就绪后，容量验证开展前这段时间内完成，以最小化提供新容量的时间为原则进行部署。
- 部署规模：应尽可能一次性将服务所需的资源部署到位。如果只部署了一部分资源就进行容量验证，很难得到准确的验证结果。
- 部署规格：应保证部署的各服务器上的软件配置和硬件规格一致，硬件规格的一致性尤为重要，可能仅仅是 CPU 主频的少许差异就会造成整个集群容量的巨大差异。
- 多数据中心部署：涉及多数据中心的部署时，需要明确每个数据中心所期望承载的流量，例如每个数据中心都要具备承载全部流量的能力以便容灾，那么这就需要分别在每个数据中心部署全量资源。

6.2.4 容量验证

我们将所有资源正确部署后，下一步就是对容量预测的结果进行验证，同时进一步提升容量预测的准确性（也称容量精调）。此时，全链路压测就有了用武之地，我们可以通过全链路压测完成容量验证工作。

可能读者会有疑惑，为什么不能直接用全链路压测的结论作为容量规划的依据，而要先进行容量预测呢？原因在于，全链路压测是一项“重量级”的工作，实施它的成本和投入是很高的，不宜高频实施。我们提倡通过容量预测得到一个较为准确的结果后，将全链路压测作为“验证手段”，而不是将全链路压测作为“测试手段”去反复探测服务容量，这与我们在 1.1 节中谈到的全链路压测的特点是一脉相承的。

当然，全链路压测的结果也未必完全准确，因此我们也可以参考容量预测的结果去校准全链路压测模型和压测比例，两者是互相促进的关系。

6.3 智能化容量预测

6.2 节我们已经提及了一部分容量预测的内容，同时也提到了针对大规模微服务系统，我们需要的是一种更强大的容量预测手段，它不能依赖于人的经验，且必须足够准确。坦白讲，这是极为困难的，因为影响服务容量的因素太多了，其中的规律非常复杂。对此，笔者花费将近一年的时间带领团队进行了大量的研究和探索，最终实现了一套基于 AI（Artificial Intelligence，人工智能）进行容量预测的方案，该方案已经在实际工作中投入应用并取得了显著成果，本节将详细介绍其中的原理和细节。

6.3.1 智能化容量预测过程

我们先来看一个问题：假设你是某个业务系统的技术负责人，能够获取这个业务系统在生产环境中每时每刻的流量、CPU 利用率等数据，那么你是否能够通过对这些已知数据的分析，总结出某种规律，来预测当系统访问量达到一个从未有过的量级时，CPU 利用率将达到多少呢？

对于这个问题，读者暂时没有答案也没关系。我们来做一个小测验，图 6.4 展示了 8 个等式，请你通过分析这 8 个等式的规律，解答“8 1 3 = ？”。

1） 2 4 5 = 3	5） 6 2 2 = 10
2） 5 2 8 = 2	6） 3 1 1 = 2
3） 2 2 1 = 3	7） 5 3 4 = 11
4） 4 2 2 = 6	8） 1 8 1 = 7

图 6.4 一个小测验

如果你的答案是“8×1−3=5”，那么恭喜你，你正确解答了这个问题。智能化容量预测的本质，和这个问题的解答过程是类似的，只不过我们需要将等号前面的 3 个数字替换为影响容量的特征，而等号后面的 1 个数字则对应服务容量的表现，通过寻找规律来预测一个新的等式的结果，就相当于预测服务在更高访问量下的容量表现。

了解了原理之后，我们正式列出智能化容量预测的 3 个步骤。

- **特征选取**：选取会对服务容量产生影响的特征作为输入，即预测条件；选取一个能表示服务容量结果的特征作为输出，即预测结果。
- **建立模型**：寻找某种规律，它能够完整地描述已知输入和输出的关系。
- **准确度评价**：检查模型的准确度，如果准确度不满足要求，则调整特征或模型参数，直至准确度满足要求为止。

这些步骤之间的关系如图 6.5 所示。在选取合适特征的基础上，建立模型并交叉验证（准确度评价）后，我们就可以利用该模型进行预测了，即输入特征值（如服务 TPS），得到容量结果（如 CPU 利用率）。

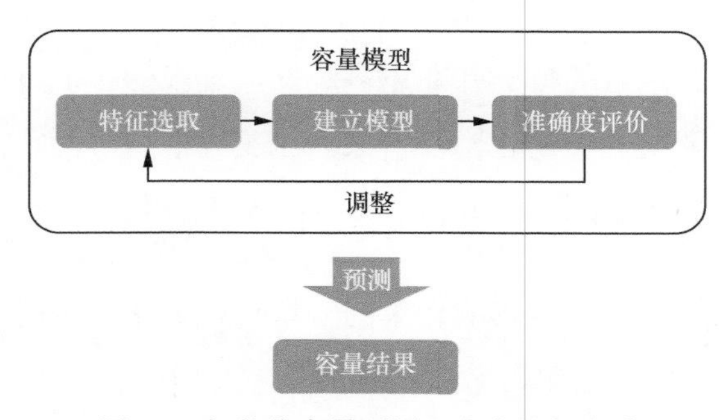

图 6.5 智能化容量预测 3 个步骤的关系

下面，我们具体展开介绍每个步骤的技术细节。

1. 特征选取

特征选取是智能化容量预测的第一步，也是最重要的部分。选取的特征不合适，会极大影响模型的准确度，甚至导致模型失效。

对于互联网服务，我们认为至少有以下 3 类特征会影响服务的容量。

- **服务的资源配置**：如 CPU 核数、内存大小、磁盘大小等。

- **服务的业务量**：如 TPS（响应请求数）、并发量等。
- **服务的上下游依赖情况**：如依赖服务的 TPS、响应时间等。

这里，我们将服务的 TPS，以及它所依赖的其他服务的 TPS 作为输入特征，将 CPU 利用率作为输出结果。做出这个选择的原因是，互联网服务的容量风险基本上都是随着流量增长而产生的，而体现流量增长最直观的指标就是 TPS；相应地，服务的 CPU 利用率是服务容量是否充足的一个重要指标。因此，我们倾向于将 TPS 作为“因”，将 CPU 利用率作为“果”。

可能读者还会有疑问，上面提到的影响服务容量的特征那么多，只考虑 TPS 会不会太片面？判断服务容量是否充足的特征也不只有 CPU 利用率，还有内存使用率和磁盘使用率等，它们为什么不在考虑范围内呢？

这里需要强调的是，选取的特征并非越多越好，过多的特征很容易导致“过拟合”的情况出现，即通过这些特征能够构建一个自认为完美的模型，但它在解决实际问题时的表现又很一般。用直白的话来说就是：“想多了，想得太复杂了。”

因此，尽可能选取对服务容量影响较大的少量特征才是正确的做法。为此，笔者做了很多调研工作，发现服务的绝大多数容量指标最终都会体现在 TPS 上，例如：并发数上升，TPS 一般也会上升；响应时间增加，TPS 很可能会降低；等等。因此，采用 TPS 作为特征已经能够比较好地囊括其他特征了。当然，这个思路也不是绝对的，甚至对于某些服务是不合适的。在实践过程中，我们还需要在特征选取上采用更高阶的策略，这些内容将在 6.3.2 节中详细展开介绍。

我们面对的绝大多数服务都是偏计算型的服务，CPU 利用率是评价容量的主要因素，因此将 CPU 利用率作为容量结果的一个输出特征，也是具有普适性的。如果服务比较特殊，如 I/O 密集型的或其他类型的，我们只需要将输出特征替换为内存利用率、磁盘利用率等能够反映服务容量的指标即可。

2. 建立模型

特征选取完毕后，下一步工作是基于已选取的特征建立恰当的模型。这个模型必须具备以下特点。

- 必须是回归模型，即能够建立输入和输出之间的关系，而且输出值必须是连续值，不能是离散值，因为我们需要输出的 CPU 利用率就是一个连续值。
- 能够支持“多输入 - 单输出”的映射关系，因为我们输入的是服务的 TPS 和依赖其他服务的 TPS，为“多输入”，输出的是 CPU 利用率，为“单输出”。
- 能够离线计算，生成的模型要能够持久化。

满足这些条件的常见回归模型有线性回归、多项式回归、神经网络等。从实际情况来看，线性回归和多项式回归在复杂场景下的表现并不是很好，原因在于使用多特征所构建的模型的复杂度较高，无法用简单的函数去表征。因此，我们采用更为强大的神经网络进行建模。

此处，我们不讨论神经网络的底层原理，很多开源工具和框架（如 TensorFlow、PyTorch、Spark、MLlib 等）已经为我们封装了晦涩的底层原理实现，使神经网络成为一种可以开箱即用的技术。下面我们直接从应用角度介绍如何使用神经网络进行建模。

图 6.6 所示左边部分是一个典型的神经元，我们先将服务自身的 TPS、依赖其他服务的 TPS 作为输入，引入神经元，每个输入乘一定的权重 w 后进行求和，再与一个外部的偏置 b（可以认为是一个没有输入的权重）相加，得到总和，最后将这个总和输入一个激活函数进行转换（保证结果落在规定的区间内），得到最终的输出结果，即服务的 CPU 利用率。

我们将多个神经元组合起来，得到图 6.6 所示右边部分的神经网络，它包含一层输入层、两层隐藏层和一层输出层。通过不断地训练样本（即不断地调整各层的权重），最终我们能够得到一套权重集，将其保存下来，就是可供预测的模型。

那么，训练出的模型的效果究竟如何呢？我们可以用一条拟合曲线来观察。如图 6.7

所示，蓝色的曲线由训练样本构成，橙色的曲线代表训练出的模型，我们可以看到第 1 张图中的两条曲线是高度贴合的，证明模型的拟合效果较好，而第 2 张图的拟合效果则不佳。这种可视化的方式非常重要，当我们需要调整模型参数或调整特征时，可以通过观察拟合曲线来判断调整后的效果。

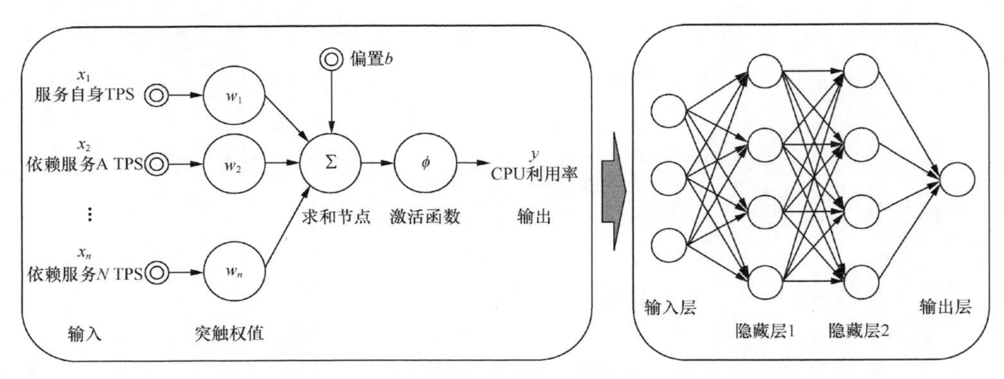

图 6.6　神经网络的建模过程

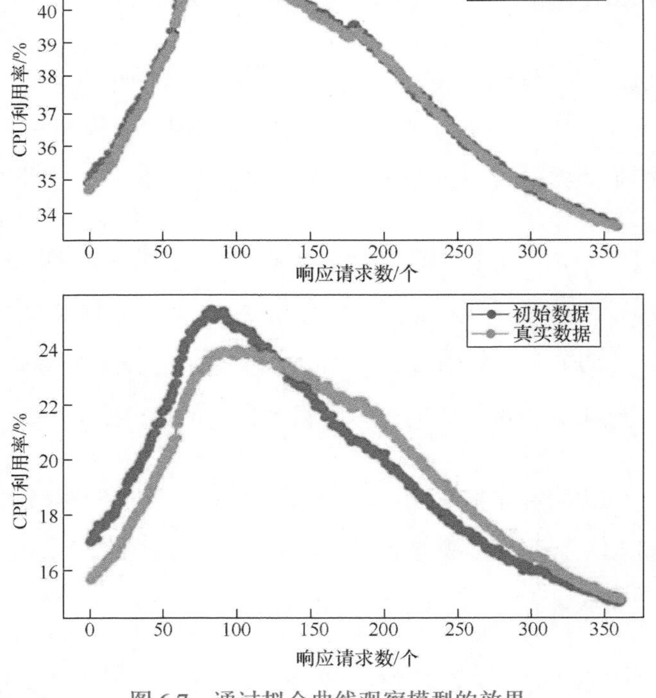

图 6.7　通过拟合曲线观察模型的效果

总结一下，我们选择神经网络作为建模工具，寻找服务自身的 TPS 及其依赖服务的 TPS 与 CPU 利用率之间的关系，最终得到由一系列权重值所构成的神经网络模型。整个过程可以基于流行的机器学习框架来编写，最后通过可视化的方式观察拟合情况，并不断调优。

3. 准确度评价

可视化方法给了我们一个直观的视角去评判模型的优劣，但在某些场景下，我们更希望能够以定量的方法去衡量模型的优劣。例如，通过编写自动化脚本尝试用不同的特征组合进行建模时，需要从中选出准确度最高的特征组合，由于组合的种类非常多，这就很难做到每次都借助人工来评判模型的准确度，因此我们需要一个科学的工具去衡量。

下面，我们介绍一个在工程界经常使用的模型准确度定量评判方法——*K* 折交叉验证。如图 6.8 所示，*K* 折交叉验证的步骤可以分为 5 步：

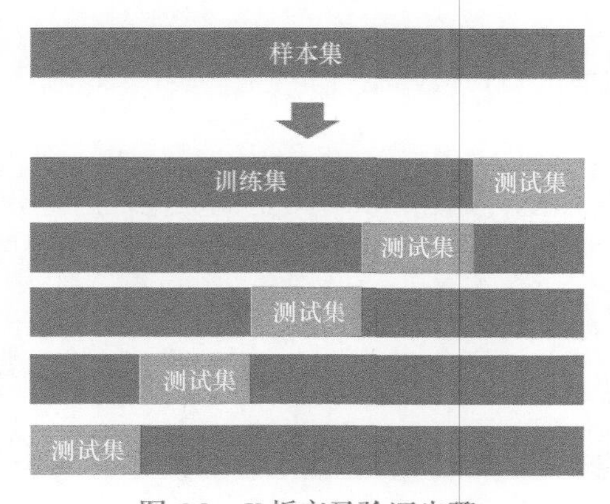

图 6.8　*K* 折交叉验证步骤

（1）将样本集（包含输入和输出）划分为相等的 *K* 部分（“折”）；

（2）从划分出的 *K* 部分中，选取第 1 部分作为测试集，其余作为训练集；

（3）用训练集训练模型，然后用测试集验证模型输出结果，计算模型的准确度；

（4）每次用不同的部分作为测试集，重复步骤（2）和步骤（3）（K-1）次；

（5）将平均准确度作为最终的模型准确度。

K 折交叉验证使用了无重复抽样技术，它的特点是在每次迭代过程中，每个样本点只有一次被划入训练集或测试集的机会，因此得到的结论是比较稳定的。其中，对于 K 的取值，有理论证明 K 取 10 的通用效果最好。

K 折交叉验证的实现也比较简单，用伪代码可以描述如下：

```
list[k] = 样本集 .split(k); // 切分 k 份
for(int i = 0; i < k; i++) {
        test[] = list[i]; // 第 i 份为测试集
        train[] = remove(list[k], i); // 样本集去除第 i 份后的为训练集
        模型 = 训练 (train[]); // 用训练集训练模型
        结果 = 模型 (test[]); // 用测试集验证结果
        准确度 [].add( 比较 ( 结果 )); // 比较结果的准确度，放入集合
}
result = average( 准确度 []); // 得到准确度的平均值，即所需结论
```

通过 K 折交叉验证的方法，我们可以对模型优劣进行定量分析，提升模型准确度的评判效率。

4. Badcase

我们已经完成了智能化容量预测的基础工作，但任何事物都不可能尽善尽美，我们建立的模型也一样，总会出现各种各样的问题，这时一定不能放过每一个“Badcase”（坏例子），应当将这些 Badcase 进行抽象分析，总结归纳出通用缺陷并修正，这样才能有效提高模型的健壮性。下面，我们来看几个在实践中遇到的真实的 Badcase，以及背后的原因。

图 6.9 所示的拟合情况非常糟糕，几乎完全不拟合。通过排查，我们发现该服务所依

赖服务的 TPS 在某天异常突增，且幅度很大，而当天的数据又恰好被模型“学习”了，导致模型失效。

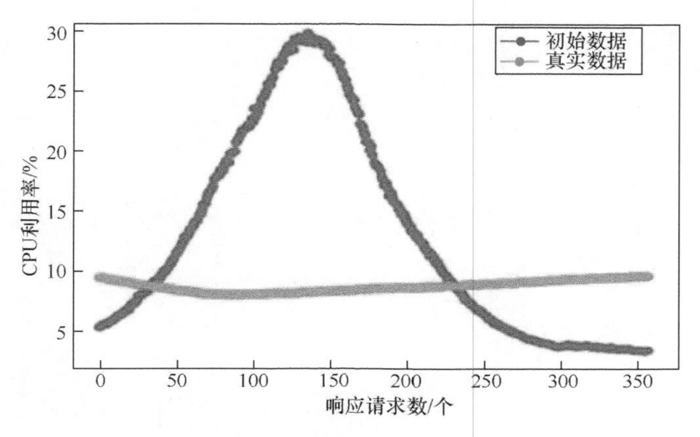

图 6.9 拟合情况不佳的 Badcase

图 6.10 所示的拟合情况尚可接受，但显然不是最优的。通过排查发现，原始训练数据有很多毛刺点，对模型来说这可以被认为是噪点，这些噪点影响了模型的拟合。

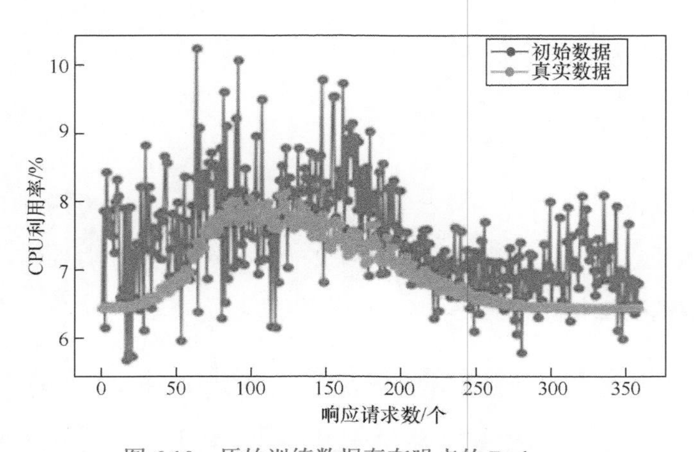

图 6.10 原始训练数据存在噪点的 Badcase

图 6.11 所示的情况比较奇怪，随着 TPS（QPS）的增加，CPU 利用率始终保持在低位。经排查，发现是数据源的问题，即 CPU 利用率数据采集出错。

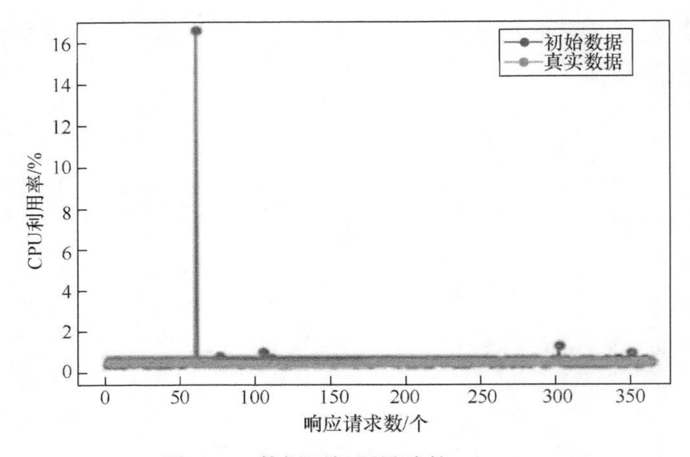

图 6.11 数据源问题导致的 Badcase

我们发现这些 Badcase 都有一个共性，它们都是因数据问题所引发的，有数据获取出错、数据噪点的问题。因此，我们要重视输入数据的准确性，及时进行数据清洗和数据去噪（去除无效和错误的数据），否则无论模型多么健壮，其准确度依然会大打折扣。

至此，我们已经讲解了智能化容量预测的所有基础工作，下面我们开始深入讨论一些更高阶的内容。

6.3.2 相关度分析与服务画像

虽然我们已经建立了理想的模型，但现实情况是，这个模型可能针对某些服务的预测结果总是不那么准确，而且无论怎么调整模型的参数都收效甚微。此时，我们需要重新思考一下，当初选取的特征是否合适。

在“特征选取”的讲解中，我们比较“草率”地将服务的 TPS 和依赖服务的 TPS 作为输入，与 CPU 利用率建立模型。但实际情况下，CPU 利用率可能不仅仅受 TPS 制约，如果我们忽略其他特征的话，很可能会影响模型的准确度。

图 6.12 展示了 TPS 与 CPU 利用率的可视化映射关系，从左至右，通过第一张图可以看到，两者的关联是非常紧密的，这说明除 TPS 以外，其他特征对 CPU 利用率几乎没有什

么影响，可以由 TPS 统一表征，这是比较理想的情况。而通过第二张图，我们看到了不紧密的映射关系，甚至一个 TPS 会对应多个 CPU 利用率，很明显还有我们没有考虑到的特征在影响 CPU 利用率，且与 TPS 存在较为独立的影响，这会导致第 3 张图所呈现的模型拟合不佳。

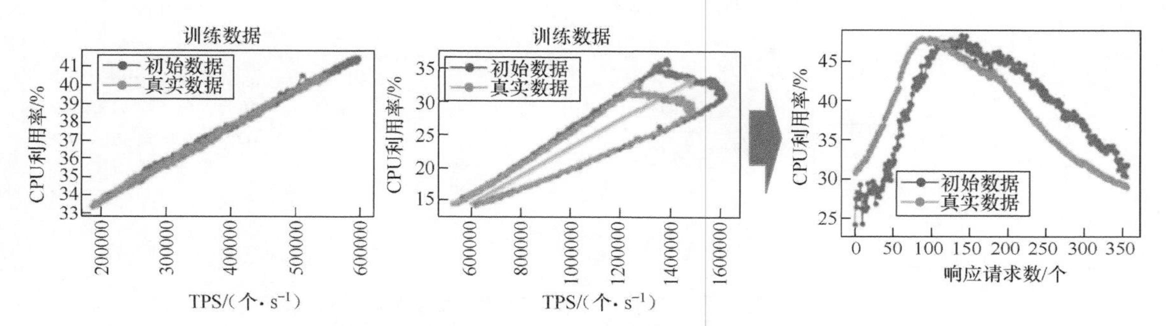

图 6.12　TPS 与 CPU 利用率的可视化映射关系

如何解决这个问题呢？将所有特征全部用于建立模型显然不是一个好的做法，还容易导致过拟合。此时，我们需要对 TPS 和 CPU 利用率的相关度做定量分析，并根据分析结果制定不同的应对策略，这是一切后续工作的基础。

在统计学中，皮尔逊相关系数（Pearson correlation coefficient）经常被用于度量两个变量 X 和 Y 之间的相关度，其值为 -1 ～ 1，如图 6.13 所示。

$$r=\frac{\sum_{i=1}^{n}(X_i-\overline{X})(Y_i-\overline{Y})}{\sqrt{\sum_{i=1}^{n}(X_i-\overline{X})^2}\sqrt{\sum_{i=1}^{n}(Y_i-\overline{Y})^2}}$$

图 6.13　皮尔逊相关系数

如图 6.14 所示，我们可以使用 TPS 和 CPU 利用率这两个变量计算皮尔逊相关系数，再根据结果进行分类：

- 皮尔逊相关系数的绝对值为 0.5 ～ 1，为强相关；

- 皮尔逊相关系数的绝对值为 0.1 ～ 0.5，为弱相关；
- 皮尔逊相关系数的绝对值为 0 ～ 0.1，为不相关。

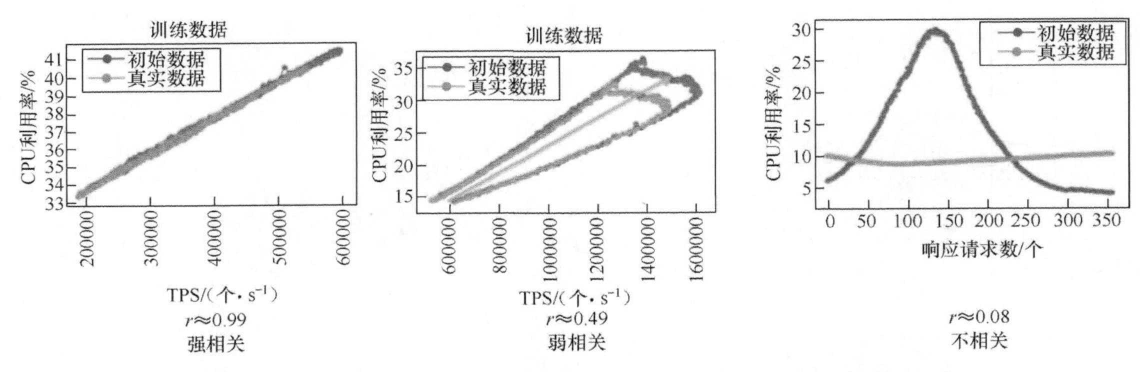

图 6.14　根据皮尔逊相关系数，对 TPS 与 CPU 利用率的相关度进行分类

强相关意味着 CPU 利用率几乎只受 TPS 的影响，我们直接建立 TPS 和 CPU 利用率的模型就可以得到较好的拟合结果。而不相关的情况，一般涉及一些批处理服务或任务型的服务，这些服务没有外部流量，可以特殊处理或直接过滤。我们重点来看一下弱相关的情况应当如何处理。

弱相关意味着 CPU 利用率不仅受 TPS 制约，还受其他特征制约。我们可以用两种思路解决这个问题：一种是找出所有影响 CPU 利用率的特征，对服务进行画像，即针对每个服务选取不同的特征去表示它，这是一种特征工程的方法；另一种是建立一个 TPS 映射 CPU 利用率的概率表，选取出现频次最高的 CPU 利用率值作为特征。下面具体展开介绍这两种思路的实现细节。

基于第一种服务画像的思路，我们需要收集所有可能影响服务容量的特征，从中选取对 CPU 利用率影响较大的一个 / 些特征来建模，或过滤一些无关的特征。如图 6.15 所示，有以下几种常见的方法。

- **目测法：**将所有特征进行归类，如果一个特征能由另一个特征推导出来，则称为多余特征，无须考虑。如图 6.15 左边部分所示，我们假设理想情况下内存、带宽、连接数等指标的变化最终都会反映到服务 TPS 上，那么服务 TPS 就可以被称为有效特征，其他特征（除应用 owner）就是多余特征。应用 owner 是谁对服务容量没有影响，称为无关特征。我们最终只需要考虑有效特征。

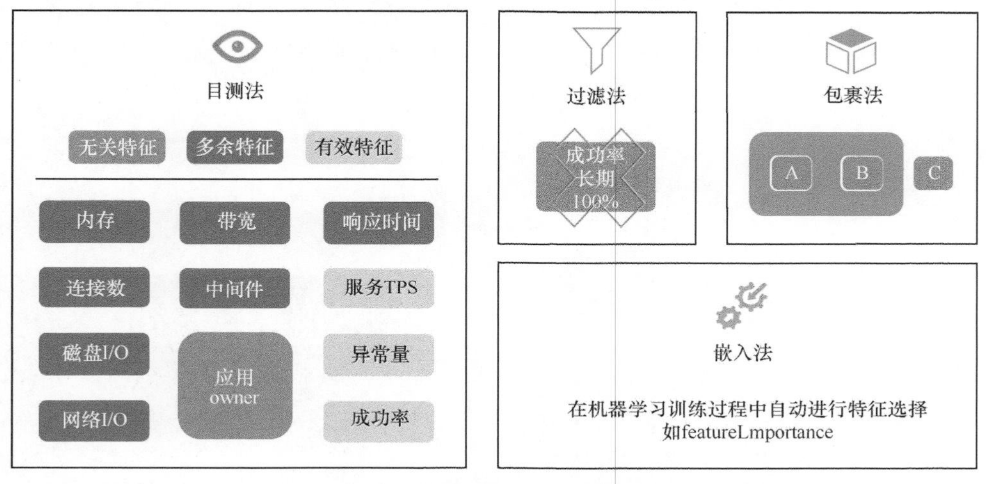

图 6.15　利用特征工程进行服务画像的方法

- **过滤法**：去掉取值变化小或不变的特征，这些特征虽然对服务容量有影响，但影响的程度保持不变，所以可以约简。例如，某服务的成功率长期处于 100%，那么“成功率”这个特征就不需要考虑。

- **包裹法**：每次选择若干特征或者排除若干特征，进行模型评估，直到选出最佳的特征组合。这有点像排列组合，即寻找一个最佳的特征组合来预测 CPU 利用率。

- **嵌入法**：先使用某些机器学习的算法和模型进行训练，得到各个特征的权重系数，再根据系数从大到小选择特征。这有点类似于过滤法，只不过我们是通过训练来确定特征的优劣。Spark 中的 featureImportance 就是一个典型的嵌入法实现。

实现服务画像的关键点是，对 CPU 利用率影响较大的特征必须包含在我们的选择范围内，否则只能是“巧妇难为无米之炊”，但有时候我们确实很难找全所有的特征，此时可以使用第二种思路，通过建立概率表的方法去解决问题。

具体做法是，建立一个 TPS 映射 CPU 利用率的概率表，根据概率表找出某个 TPS 区间内，CPU 利用率出现频次最高的值，供建模使用。图 6.16 展示了一个概率表实例，在图左下角处可以看到，TPS 处于某水位时 CPU 利用率会出现多个极大值，但肯定只有一个最大值，这就是我们要找的值；通过右侧的表格能够更直观看到，标注为红色的行就是 TPS 对应的 CPU 利用率出现次数较多的值，在建立模型时只需要考虑这几行的数据即可。

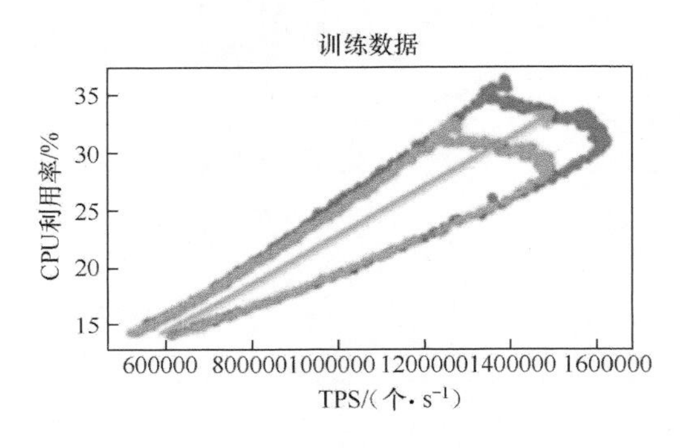

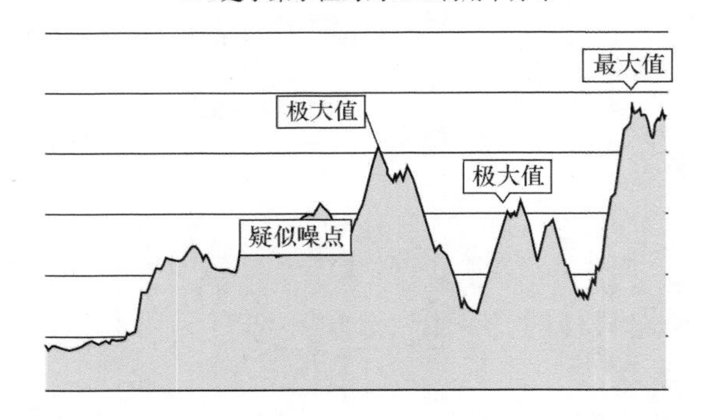

样本数据片段

TPS/(个·s⁻¹)	CPU利用率/%	COUNT
600000	12	56
600000	15.5	298
700000	16	74
700000	18	216
800000	17.8	68
800000	18	31
800000	20	329

图 6.16　概率表实例

概率表方法背后的思想是，出现频次更高的数据从概率角度来看往往是更可靠的，也更能够代表实际情况。

服务画像和概率表各有利弊，当我们能够寻找到所有准确的特征时，服务画像的准确性更高；当我们不能寻找到所有准确的特征时，可以通过概率表“曲线救国”。

6.3.3 容量预测迭代与校准

解决了容量预测准确性的问题，我们来看下一个问题，互联网服务是不断迭代的，这意味着服务画像也是不断变化的，很有可能一次服务发布就会导致之前的预测结果失效，这就要求容量预测模型也要进行迭代，及时校准。但容量预测模型的高频变化会带来巨大的计算量，如何权衡服务迭代和模型更新之间的关系呢？

容量预测迭代和校准的一个难点在于，由于服务变更前后的容量表现并不是递进的关系，因此我们很难以增量的方式进行学习，大多数情况下还是得重新建模。一种看似比较简单的做法是，在服务发生变更（如发布、修改配置、扩缩容等）后，对该服务重新进行一次建模，直接覆盖上一次预测结果。

这种做法有一个很大的弊端，它没有考虑服务变更对其他服务容量的影响，仅仅对该服务重新建模，会影响全局容量预测的准确性。

那么，我们是不是可以在任一服务变更后，就对该服务上下游链路所涉及的所有服务都重新建模呢？这种做法在技术上是可行的，但计算成本非常高，尤其是当服务依赖关系错综复杂时更是如此。

在实践中，我们考虑换一种思路，即在某个窗口内对所有服务重新建模，而不是一有服务变更就这么做，这个窗口可以跟随服务发布以滑动窗口的形式设置，窗口的大小根据容量结果的时效性进行设置。例如，如图 6.17 所示，我们规定每周三为服务发布窗口，容量时效性为 3 天，于是可以设置一个跨度为 3 天的滑动窗口，这样我们只需要在第 4 天重新进行建模。

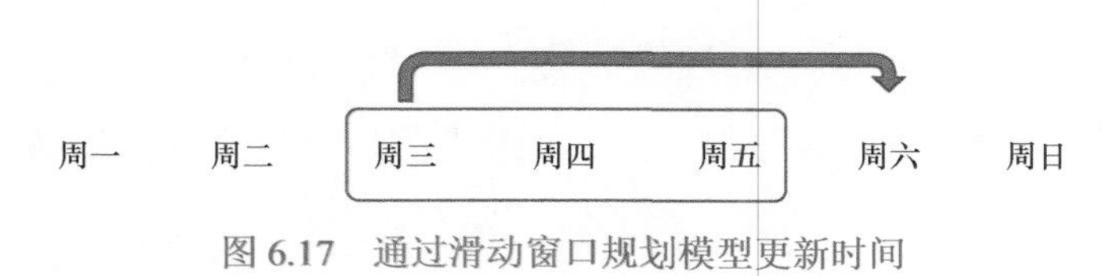

图 6.17 通过滑动窗口规划模型更新时间

这种模式能够较好地兼顾服务迭代和模型更新的关系，也没有过多牺牲容量预测的时效性，同时可扩展性也比较好。如果服务在每周有两个发布窗口，那么设置两个滑动窗口即可。

6.3.4 警惕业务场景变化

6.3.3 节我们谈到了服务迭代对容量预测的影响，但它并不是唯一的影响因素，即便服务没有任何改动，业务场景的变化也会导致容量预测失真。这里就引出了一个问题，如果在未来的某段时间内有一些业务场景将发生变化，我们现在构建的模型，完全有可能不适合未来的场景。例如，我们在下个月将举办一场大促活动，那么如何预测那时的服务容量呢？

解决这一问题的关键在于，如何获得未来场景的特征数据，以构建逼近真实情况的模型。问题的解决方法就是使用全链路压测，我们先通过全链路压测的方式获取新场景下服务的各项容量指标数据，再通过这些数据来构建模型。这里需要注意的是，这种场景下的全链路压测并不需要施加很大的压力，因为它的目的是为容量预测提供素材，而不是试探服务的容量瓶颈。

当然，全链路压测也不是魔法，不可能做到与真实场景完全一致。为了尽可能减少差异，我们可以采用容量预测和全链路压测双向校准的方式，如图 6.18 所示。

容量预测对全链路压测的校准，需要在常态业务场景下对系统整体容量进行预测，其方法是先在业务高峰期选取一个时间点，获取这个时间点下所有服务的 TPS。

接下来，我们可以在保持比例不变的情况下，不断增加每个服务的 TPS 值，并将其输入每个服务的模型进行预测，得到各自的 CPU 利用率，直到某一个关键服务的预测 CPU 利用率超过阈值（如 90%），此时就触及了系统能承载的最大容量，我们将所有服务对应的预测 CPU 利用率由高到低排序输出，就能得到一份“高危服务”列表，如表 6.1 所示。

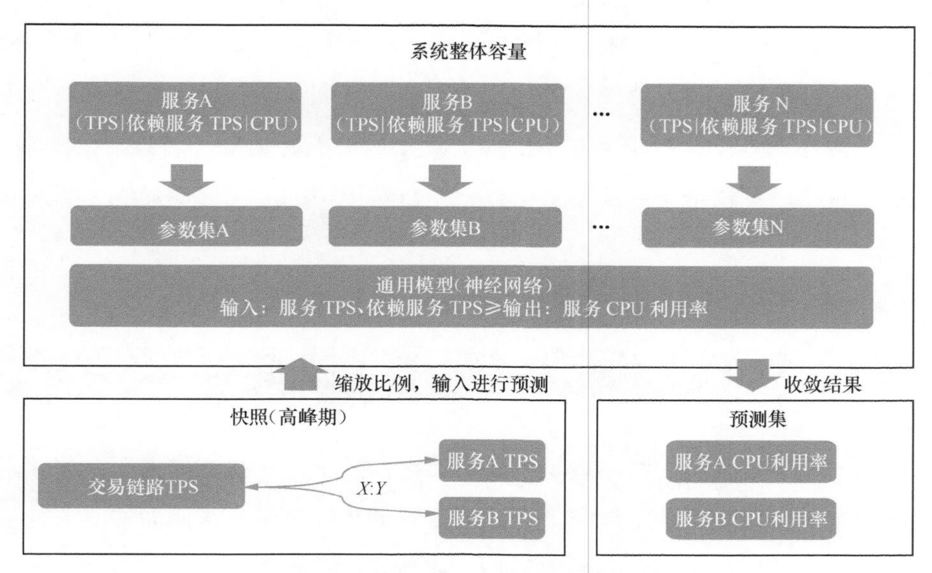

图 6.18 容量预测和全链路压测的双向校准

表 6.1 预测 CPU 利用率排序后的“高危服务”

服务名	高峰期峰值 TPS/(个·s^{-1})	输入模型的 TPS/(个·s^{-1})	预测 CPU 利用率 /%
服务 A	87	217.5	97.80
服务 B	109.1	272.75	90.11
服务 C	49.8	124.5	87.73
服务 D	220.75	551.88	82.90
服务 E	18.6	46.5	79.18
服务 F	58.31	145.78	77.06

将这份列表中各服务的预测 CPU 利用率，与全链路压测期间服务达到相同 TPS 的 CPU 利用率进行比较，若差距过大，则检查全链路压测场景是否有失真的地方，这样就完成了容量预测校准全链路压测的工作。

在保证常态业务场景下的全链路压测模型无误后，加入或修改有变化的业务场景，更新全链路压测脚本后再次压测，压测过程中的数据指标输出给模型重新学习，这样就完成了全链路压测对容量预测的校准。在服务上线后，根据线上真实数据，可以再进行几次模型的校准工作，就能达到良好的预测效果了。

综上所述，俗话说“唯一不变的是变化”，业务场景的变化是必然的，要适应这些变化，保证容量预测的准确性，我们就应该对预测模型进行定期校准。全链路压测是一个不错的数据校准输入源，尤其是针对未来发生的业务场景，可能还是唯一的数据源；同样地，容量预测的结果也可以反馈给全链路压测，以检验压测模型的准确性，最终达到双向校准的效果。

6.4 浅谈排队论

排队论是一门非常强大的科学理论，具有悠久的历史。排队论作为一个偏学术的研究领域，是有一定的学习门槛的。同时，市面上现有的排队论资料所面向的对象几乎都是制造系统，或一些排队服务场景，例如银行柜台服务、超市收银台服务等，涉及互联网场景的资料极少，这导致很多想学习排队论的计算机从业人员“无从下手”。

其实，排队场景和互联网系统服务是有相似之处的，只不过后者是流量在排队，软件系统在服务罢了。排队论完全可以指导我们解决一些互联网场景下的实际问题，而且这种指导非常重要。排队论不像全链路压测，可能给生产环境带来一定风险，也不像容量预测，需要花费时间建模并调优，排队论为我们提供了一种数学武器，并且它已经总结好了大量现成的模型和公式，我们要做的就是应用好这一武器，为服务容量保障保驾护航。

本节，我们将从互联网视角出发，讲解排队论的基础知识、应用策略，以及在容量规划中的应用案例。

6.4.1 排队论基础知识

我们先简单了解一下排队论的发展历史。排队论本质上是运筹学的一个研究方向，早在 1909 年就已有研究成果，当时它被称为“话务理论”，解决了自动电话的设计问题。随着其研究范围的扩大，排队论逐渐演变成专门研究带有随机因素产生拥挤现象的优化理论，是关于由服务设施和被服务者构成的排队服务系统的理论。

用更通俗易懂的话来说，我们每天都会遇到各种各样的排队情况，如去超市买东西付款时要排队，去银行取钱要排队，等等。在很多情况下，排队可能会带来负面影响，如急诊室医生工作繁忙导致患者无法得到及时治疗，机场航班起飞时排队导致航程延误，等等，都是日常生活中的例子。

简而言之，排队论就是用数学方法来模拟排队场景，并协助我们做出优化的理论。例如针对上面的例子，排队论能够帮助我们解决问题，如配备多少医生可以满足所有患者的治疗需求，怎样调度航班能够使绝大多数飞机准时起飞。

下面，我们来看一个简单的排队模型。如图 6.19 所示，该模型由服务机构、服务对象和队列组成。我们将服务对象视为用户请求，将服务机构视为互联网服务，队列可以想象成来不及处理而处于等待状态（延迟）的请求，那么这个排队模型就可以类比为互联网系统提供服务的形态。

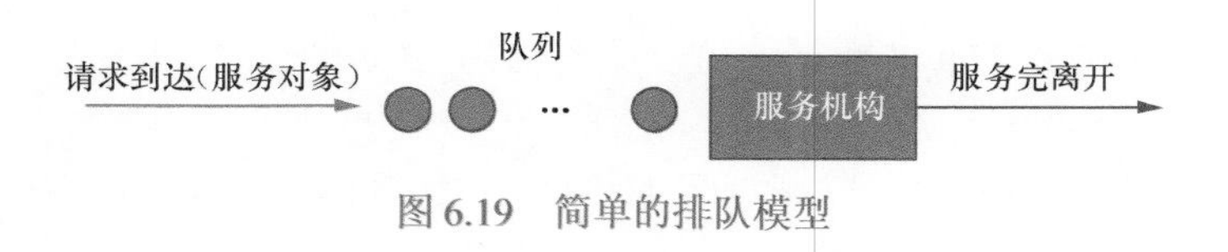

图 6.19　简单的排队模型

在整个排队模型中，需要关注以下几个要点。

- **输入过程**：用户请求按照怎样的规律到达。以用户请求时间的概率分布为例，在互联网场景下，我们一般认为各个用户的请求是独立的，且遵循同一概率分布。
- **排队规则**：用户请求在系统中以什么形式排队等待处理，队列是单队列还是多队列、并行还是串行、容量是有界还是无界的，等等，都会衍生出不同的排队模型。
- **服务规则**：包括服务节点的数量、服务协议、处理请求的顺序等。

我们暂时先了解这些基础知识，下面我们将介绍如何利用排队论进行建模，以便更好地将排队论应用到实际场景中。

6.4.2 排队论应用策略：排队模型与公式

让我们避开晦涩的理论和复杂的数理分析，以精简的方式学习排队论的应用策略。排队论的应用策略可以总结为两步：首先，选择合适的排队模型；其次，利用模型中的各种公式计算出所要的容量结论。

先说排队模型。排队系统有很多模型，其名称也让人眼花缭乱，有 M/M/*s*、M/M/*s*/*s*、M/G/1 等。我们提供一个记忆窍门，只需要记住 A/B/*n*/S/Z 这个格式即可，其具体含义为：A 表示请求到达的规律；B 表示服务时间分布；*n* 表示服务窗口数目；S 表示系统容量限制；Z 表示服务规则。

读者可能觉得这个格式还是挺复杂的，那么我们再简化一下。既然我们利用排队论来预测系统容量，那么我们可以先假定系统容量充足，即 $S \to \infty$；然后，我们默认绝大多数请求都是按顺序响应的，所以 Z 也可以固定为先来先服务（First Come First Service，FCFS）的规则。这样，我们讨论的排队模型就可以被简化为 A/B/*n*。

下面，我们展开介绍适合互联网场景的排队模型——M/M/*s* 模型，及其衍生的 M/M/1 模型。

M/M/*s* 模型如图 6.20 所示。其中，M 代表无记忆性分布，典型的有几何分布和指数分布，无记忆性指的是后面事件发生的概率与前面事件是否发生无关，例如我们将要访问一个页面，这与我们之前访问过这个页面无关，我们默认所有访问请求都是符合这一特点的。*s* 指的是 *s* 台服务器共享一个公用到达作业池，直白地说，就是 *s* 个服务节点都从一个队列中获取请求并处理，我们假定这个队列是无限的，请求是先来先服务的。

如果我们有一个集群对外提供某种服务，就可以将其抽象为 M/M/*s* 模型。如果集群中只有一个节点，那么 M/M/*s* 模型就退化为 M/M/1 模型。

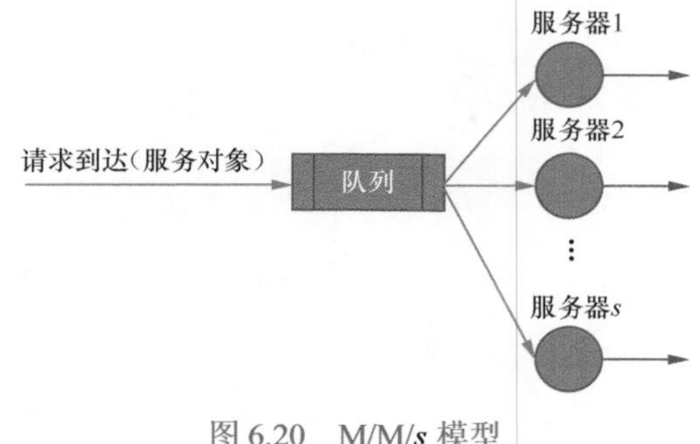

图 6.20 M/M/s 模型

了解 M/M/s 模型后，我们来学习 M/M/s 模型的三大基本公式，分别是系统利用率公式、资源需求量公式和平均等待时间公式。

- **系统利用率公式 $\rho = \lambda / s\mu$**：其中，λ 指的是到达率，即每秒到达的请求数，也可以认为是流量；μ 为服务率，即每秒能处理的请求数，于是 $s\mu$ 就是系统总共能处理的请求数；最后得到的系统利用率 ρ 转换为互联网术语，就是指系统负载。
- **资源需求量公式 $R = \lambda / \mu$**：到达请求数 λ 除以每秒能处理的请求数 μ，得到资源的需求量 R，R 也被称为维持系统稳定的最小预期服务器数量。
- 平均等待时间公式 $E[T] = 1 / (s\mu - \lambda)$：即平均响应时间。

有了这些公式，且理解了公式中各个参数的含义，我们就可以灵活应用它们去解决实际问题了。

6.4.3 排队论应用案例

下面，我们讲解两个排队论的应用案例。

1. 设定合理的 CPU 利用率风险阈值

我们时常会遇到这样的问题：如何判断一个服务的负载究竟达到什么值是有风险的？假设以 CPU 利用率为例，有没有一种科学的方法能回答这个问题呢？

我们可以应用排队论来解答。第一步，选择合适的模型，为了简化问题，这里我们可以只考虑一台服务器的情况，使用 M/M/1 模型进行推算。

第二步，使用模型的公式进行计算。首先，根据系统利用率公式 $\rho = \lambda / s\mu$，得到在 s=1 时的系统利用率 $\rho = \lambda / \mu$。然后，使用平均响应时间公式 $E[T] = 1 / (s\mu - \lambda)$，得到在 s=1 时请求的平均响应时间 $E[T] = 1 / (\mu - \lambda)$。从公式 $\rho = \lambda / \mu$，我们可以得到 $\lambda = \rho\mu$，代入平均响应时间公式后推导出 $E[T] = 1 / \mu(1 - \rho)$，这表示请求的平均响应时间 $E[T]$ 是与 $1 / (1 - \rho)$ 成正比的，我们将 $1 / (1 - \rho)$ 绘制成曲线，如图 6.21 所示。

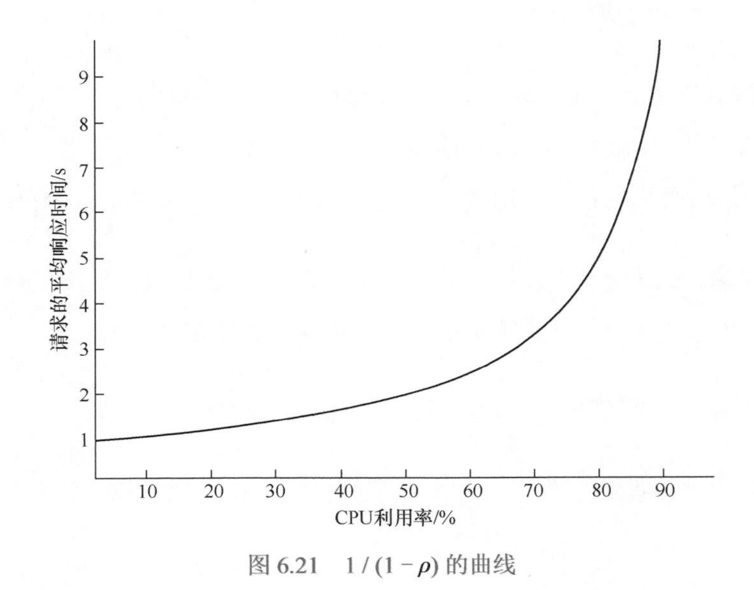

图 6.21　$1 / (1 - \rho)$ 的曲线

图 6.21 中横轴为 CPU 利用率，纵轴为请求的平均响应时间。我们可以很明显地观察到，曲线在横轴值为 80 左右时出现拐点，这就意味着 CPU 利用率超过 80% 后，请求的平均响应时间会急剧上升，因此对于符合 M/M/1 模型的计算型服务，将 CPU 利用率水位风险阈值设定为 80% 是比较合理的。

当然，实际情况可能会复杂一些，如果服务部署在容器上，当容器设置了超卖策略（某个容器实例的 CPU 配额用满后，可以在一定限度内抢占其他实例的 CPU 额度）时，CPU

利用率风险阈值可以根据实际超卖比例适当提高一些。

2. 利用排队论进行容量规划

容量规划是排队论的重要用武之地，我们来看一下具体的问题。

假设一个服务的平均流量为 λ，它平均每秒能处理 μ 个请求，我们最多能够接受 20% 的请求处于排队状态。请问：需要多少台服务器能够达到这个目标？

针对这个问题，我们继续使用排队论，首先选取合适的模型。上述问题的关键点是“需要多少台服务器”，因此我们需要选取 M/M/s 模型，其中 s 就是我们要计算的值。

然后，选取合适的公式进行推导。这里我们要引入一个重要的定理——平方根配置规则，其描述如下：

给定一个 M/M/s 模型，对于资源需求量公式 $R=\lambda/\mu$，令 k 表示确保“请求排队概率小于 α”所需的最小服务器数，则有 $k \approx R+c\sqrt{R}$，其中 c 是方程 $c\Phi(c)/\varphi(c)=(1-\alpha)/\alpha$ 的解，$\Phi(c)$ 表示标准正态累积分布函数，$\varphi(c)$ 表示它的概率密度函数。

这个定理看起来比较复杂，因此我们对其中两个关键点做一下解读。

第一个关键点是 $k \approx R+c\sqrt{R}$ 这个公式。读者可能会有疑惑，既然 R 定义为到达请求数 λ 除以每秒能处理的请求数 μ，那么使用 R 台服务器不就可以及时处理每个到达的请求，确保请求都不排队了吗？为什么还要加上 $c\sqrt{R}$ 呢？

我们回顾一下 M/M/s 模型，M 代表请求到达时间是服从无记忆性分布的，无论是哪种分布，它至少表明请求到达时间不是均匀的，而是按照一定概率变化的。所以很显然，即使我们有再多的服务器，请求依然有一定概率会排队，只是服务器越多，排队的概率就越低而已，这个概率就体现为 $c\sqrt{R}$。

第二个关键点是 c 的取值只和 α 有关，而与 R 无关，这也就意味着只要确定了 α，就能计算出 c。表 6.2 是我们预先计算出来的 α 和 c 的值，一般情况下直接查表就可以了。

表 6.2　一些提前计算好的 α 和 c 的值

α	0.8	0.5	0.2	0.1
c	0.173	0.506	1.06	1.42

在最初的问题中，最多能够接受 20% 的请求处于排队状态，即 α=0.2，通过查表得出 c 的值为 1.06（约等于 1），于是得出 $k \approx R+\sqrt{R}$，这就是我们想要的结论。

6.5 本章小结

本章主要介绍了容量规划的本质和系统化方法、容量预测的基础方法和智能化方法，以及排队论的基础知识、应用策略和应用案例等。

容量规划和容量预测是全链路压测的重要辅助工作，它们不需要对应用服务进行改造，也无须在生产环境中进行演练，通过建模等离线方式就可以预测服务容量在未来的变化情况。在此基础上，我们再利用全链路压测去验证容量预测的结论，就能减少反复压测所带来的风险和成本。在验证无误后，通过资源部署和容量治理等手段，确保服务容量安全，预防容量风险，这就是容量规划的整体作用。

- 容量规划不仅仅是一个技术问题，更是一个全局资源规划的成本管理问题。
- 容量规划不仅要保证服务系统能够承载期望的流量，还要确保以尽可能少的资源来承载这些流量。
- 容量规划主要面对的也是可预测的容量。对于突发事件所带来的流量突增，需要通过容量治理手段来应对。
- 特征选取是智能化容量预测的第一步，也是最重要的部分。选择的特征不合适，会极大影响模型的准确度，甚至导致模型失效。

- 一定不能放过容量预测中出现的每一个 Badcase，应当将这些 Badcase 进行抽象分析，总结归纳出通用缺陷并修正，这样才能有效提高预测模型的健壮性。
- 服务迭代和业务场景变化，都会对容量预测的准确性产生影响。
- 排队场景和互联网系统服务是有相似之处的，只不过后者是流量在排队，软件系统在服务罢了。

第7章　全链路压测实战案例

成功者向他人学习经验，失败者只与自己学习经验。

全链路压测是一项实践性很强的工作，经常会在不同企业内演进出有差异又非常成功的实践方法，学习这些成功经验及其背后的“上下文”，有助于我们更好地践行和改进自己的全链路压测工作。

本章，我们将通过多个全链路压测及其拓展领域的实战案例，覆盖不同类型企业（大型电商企业、创业企业、商业银行）和不同类型保障对象（常态业务、大促活动、故障注入场景），为读者提供多元化的解题思路。

7.1 某大型企业“双11”大促活动容量保障案例

本节，我们将介绍某大型企业针对“双11”大促活动进行容量保障的案例，这个案例涵盖了明确背景与目标、重点链路梳理和服务架构治理、大促流量预估、大促全链路压测等内容，形成了全面的大促活动容量保障体系和方法论，对读者而言极具参考意义。

大促活动业务场景和日常业务场景有着很大的区别。大促活动业务场景主要有3个特点，如图7.1所示。

首先，大促活动有一些日常业务所没有的特定场景，例如秒杀活动、专项营销活动等，这些场景在没有常态业务数据可供参考的情况下，增加了容量保障的难度。现在一些“大厂”在举办活动时，会倾向于复用已有的活动策略，例如支付宝的五福、红包雨等活动。每年都是类似的活动策略，这除了有营销方面的考虑，也是希望能有历史数据的沉淀，从而更好地预测用户流量。否则，每次都是新的活动策略，容量保障的难度是非常大的。

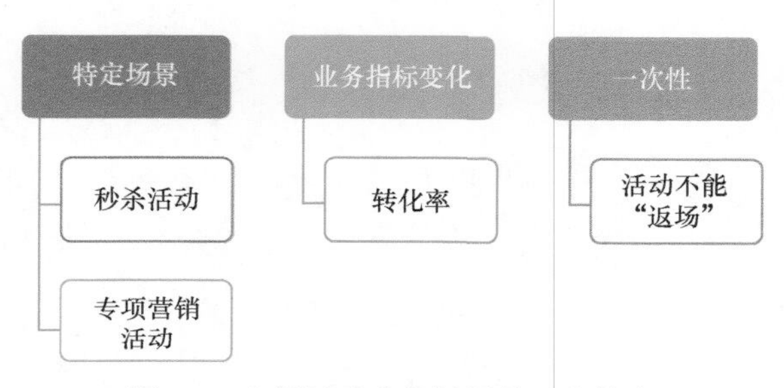

图 7.1　大促活动业务场景的 3 个特点

其次，在大促活动业务场景下，一些业务指标会发生变化，转化率就是一个典型的例子。打个比方，大促活动期间进入活动会场的用户数量较平时会有大幅增加，但这些新增的用户不一定都会下单，这样转化率就会降低，此时全链路压测的目标也需要进行相应的调整。

最后，大促活动往往是一次性的，无法返场，没有补救的机会。一旦出现问题，企业在舆论方面可能会承受很大的压力。

这些特点都对容量保障工作提出了极高的要求。有人说：“我们看一家公司的容量保障做得好不好，就看大促活动时它挂不挂。”大促活动是检验容量保障工作的一块试金石，非常考验团队的综合能力。下面，我们来看一下这家大型企业是怎么做的。

7.1.1　明确背景与目标

背景与目标永远是大促活动容量保障工作的前置项，我们在接到一个大促活动容量保障任务时，不应急于输出技术方案，而是应当找到产品方和业务方，了解大促活动的业务背景，最好能拿到 PRD（Product Requirement Document，产品需求文档）和具体的业务指标，先明确要举办哪些活动、活动策略是什么、希望达到的效果是什么、活动周期多长和预估访问量多少等。这是因为技术目标是需要联系业务场景的，只有明确了业务场景，才能制定合理的技术目标。下一步才是对接相关的业务技术团队，了解每个活动的技术方案、上下游调用链路有什么特点，并以此判断容量保障的侧重点，同时将业务指标转换为技术指标。总之，应当先理解业务场景，再确定技术目标。

下面，我们展开介绍案例细节。一家大型企业主营本地生活服务，本地生活服务指的是在一个小范围的地区（比如一个城市或者一个商圈），将一些实体服务（如餐饮、娱乐、医疗、购物等）从线下搬到线上的服务过程。例如“饿了么”订餐、“口碑”的到店扫码消费、“叮咚买菜”的送菜到家等，都属于本地生活服务的范畴。

某年，企业高层决定要举办一次本地生活服务的“双 11”大促活动。在高层确认活动策略后，我们首先要了解活动的业务目标。本地生活服务的“双 11”大促活动的业务目标主要是拉新和促进 GMV，其中拉新的目标为新增 A 万用户，GMV 的目标为增长 B 万。然后，我们还要了解业务场景，即“双 11”会举办哪些活动？每个活动细分的可量化的业务指标是什么？等。例如“双 11”当天会进行红包雨活动，预计发放 10 万个面值为 5 元的红包，计划未来一个月内提升 10% 的订单总量，等等。

最后，针对各类活动场景，我们需要拆解出容量保障的侧重点，也就是将业务目标转换为容量保障的技术目标，同样举几个例子。

- “双 11”大促活动通过设置各种活动会场和页面，吸引新用户参与，因此导购链路的流量会显著增长。这里，容量保障的侧重点就是导购链路的流量增长和转化率。
- “双 11”大促活动中，券和权益相关的营销场景会非常多，因为一个人一天不可能吃 10 顿饭，但是通过券和权益的形式，可以把这些购买力转移至后期“消化”，从而带动 GMV 增长。针对这个场景，应侧重考虑券和权益涉及的新业务场景的流量预估，这些场景在日常业务中是没有的，需要根据之前获取的业务指标去计算。

- “双 11”大促活动中，为制造一些轰动效应，会组织专场秒杀活动，或是类似“红包雨”这样的秒券活动。这里的侧重点就是高并发场景的容量保障。

我们简单总结一下大促活动容量保障背景与目标的思路，如图 7.2 所示。

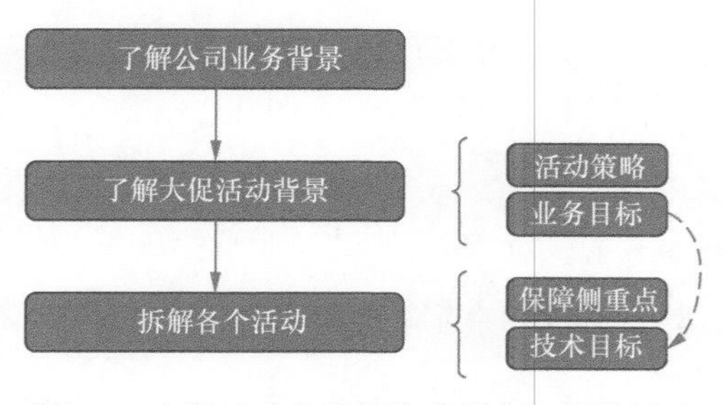

图 7.2 大促活动容量保障背景与目标的思路

明确了背景与目标后，我们展开介绍大促活动容量保障的两项重要准备工作：重点链路梳理和服务架构治理。

7.1.2 重点链路梳理

大促活动一定会有一些重点链路，这些链路有的是新场景，有的是关键的老场景。容量风险较大的链路，或出现容量问题可能会产生较大影响的链路都要涉及。我们总结了以下重点链路，并针对高并发链路辅以对应的案例进行讲解。

1. 同步链路

同步链路指的是，链路上的各项服务是强依赖的，调用方需要等待被调用方执行完毕后才能继续工作。在同步链路中，各项服务的容量最容易互相影响，尤其是那些直接暴露给用户的接口往往依赖众多上游接口，需要特别关注。

举个例子，在“双 11”大促活动中直接与买家交互的活动会场和导购页面就是最靠近流量入口的同步链路。

2. 异步链路

异步链路与同步链路的概念正好相反，它是指链路上的各项服务没有强依赖关系，调用方不需要等待被调用方执行完成，就可以继续执行后续工作，被调用方在另一个线程内执行完毕后，通过回调通知调用方。在异步链路中，我们需要明确异步流量是从哪里过来的，异步流量的量级是什么，在大促期间应用是否要做“蓄洪”，是否会由于消息“重投”而引起雪崩效应，等等。

举个例子，“双 11”大促活动券的核销就是一个典型的异步链路。在大促活动期间，券的核销量可能会非常大，那么消息队列的容量保障就是重点。

3. 旁支服务链路

平时流量不大的旁支服务在大促场景下，流量是否会放大、是否会有叠加呢？有时可能一个很不起眼的服务，在特定的场景下被其他服务反复调用后，会形成很大的终端延时，这类业务链路也是不容忽视的。

举个例子，营销券底层服务在平时流量不高，但“双 11”期间大量活动和发券场景都会调用它，就会导致服务压力陡增。

4. 高并发链路

类似秒杀和红包雨这类高并发链路，可能会瞬间产生极大的并发量，这类链路先要尽量做到集群物理隔离、分层过滤流量、制定合理的限流策略等，再通过单链路压测或全链路压测来检验效果。

在这些重点链路中，高并发链路是尤其容易出问题的。一方面，高并发链路往往涉及新的活动场景，但它们并未经过实践的检验；另一方面，高并发链路的容量保障工作涉及面较广，架构设计、容量治理和监控告警等任何一个环节出现疏漏都可能产生问题。这里，我们以红包雨活动为例，讲解如何梳理高并发链路。

红包雨活动是“双 11”期间一个典型的高并发链路。在每场红包雨期间，会有 10s 的时长，在屏幕上显示落下数个红包，用户点击可以获取红包。红包雨结束后，系统将用户获取的红包结算给用户，用户可以在后续下单时使用这些红包。

在梳理这个高并发链路时，首先需要识别出高并发的“爆点”在哪儿？也就是说，哪个环节、哪个接口承受了最高的并发量。很显然，同一时间段会有大量用户点击红包，计算用户是否中奖的接口和发放红包的接口会承受较大压力，这就是爆点。

识别出爆点后，下一步考虑两个问题：爆点逻辑是否合理，能不能减少爆点的容量压力；如何设计压测方案。

针对爆点逻辑，我们需要思考是否用户每点击一次红包都有必要计算是否中奖，可不可以将其事先计算好放到缓存中预热，减轻服务和数据库的压力；发放红包的接口是否可以异步调用，避免影响主流程，如果可以，在页面上需要放置一些文案以提示用户，例如，“您的红包将在 1 小时后发放到您的账户，请注意查收”。

确定了合理的逻辑后，我们就可以设计单链路压测或全链路压测方案了，方案涉及的场景需要尽可能与真实场景保持一致。例如上面提到的，使用缓存预热的方式判断用户是否中奖，那么我们也需要提前按照相同的策略把压测数据存入缓存，再进行压测。最后，根据压测的结论，对红包雨整个链路进行性能调优和服务优化，预防容量隐患。

7.1.3 服务架构治理

除了梳理重点链路，对服务架构进行治理也是很有必要的，因为服务架构是影响服务容量的根本所在，在一个不合理的架构体系上进行容量保障是一件很困难的事情。从这个角度来说，服务架构治理应该是平时就要做好的工作，只不过在大促活动中，受成本和时间的约束。我们主要聊聊如何把这一工作治理得更高效一些。

这里，我们将服务架构治理分为两部分，一部分是针对新服务和新功能的架构治理，另一部分是针对存量服务的架构治理。

1. 新服务和新功能的架构治理

针对新服务和新功能的架构治理，我们倾向于通过绘制各种架构图（如调用关系图、部署图、时序图等）的方式进行，以弱化文字。这样做的好处是，绘制这些图能够促使技术人员深入思考架构的合理性，而且必须以体系化的思维方式去思考，这能够在很大程度上避免设计的低级失误。此外，我们并不要求这些图必须以 UML（Unified Modeling Language，统一建模语言）的标准来绘制，只要能表达清楚意义即可。

下面，我们列举一些架构图案例，并解释它们的作用。

（1）调用关系图

调用关系图表示服务主要模块之间的交互关系及其与外部系统的交互关系。绘制调用关系图的目的是用于完整识别服务上下游依赖和外部依赖，这是容量保障工作所需要的基础信息。

如图 7.3 所示，这是一个非常典型的电商业务的调用关系图，我们对服务自身的调用进行了一定的简化，以便更清晰地观察跨领域的调用关系。整条链路经过了交易域、商品域、营销域、金融域和物流域这 5 个领域，包含多个服务。通过调用关系图获取到基础信息后，进一步分析各个域之间的调用方式和域内的细分链路，就不会出现大的信息遗漏。

（2）部署图

部署图用于描述服务部署的物理拓扑。在容量评估时，我们需要了解服务的部署情况才能判断容量保障的范围。

图 7.4 所示为大促营销服务的部署图，我们可以看到服务是以双活模式（双机房同时对外提供服务）部署的，服务之间存在跨机房调用的可能性。在这种情况下，容量保障就需要考虑跨机房的专线带宽和延迟等因素。

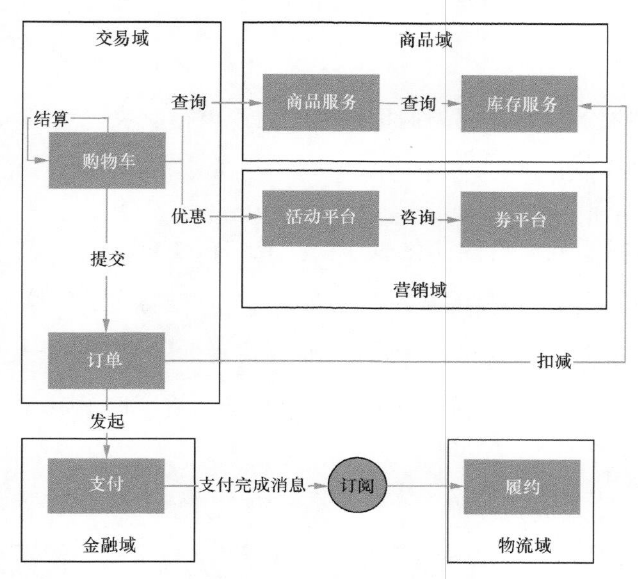

图 7.3 电商业务的调用关系图

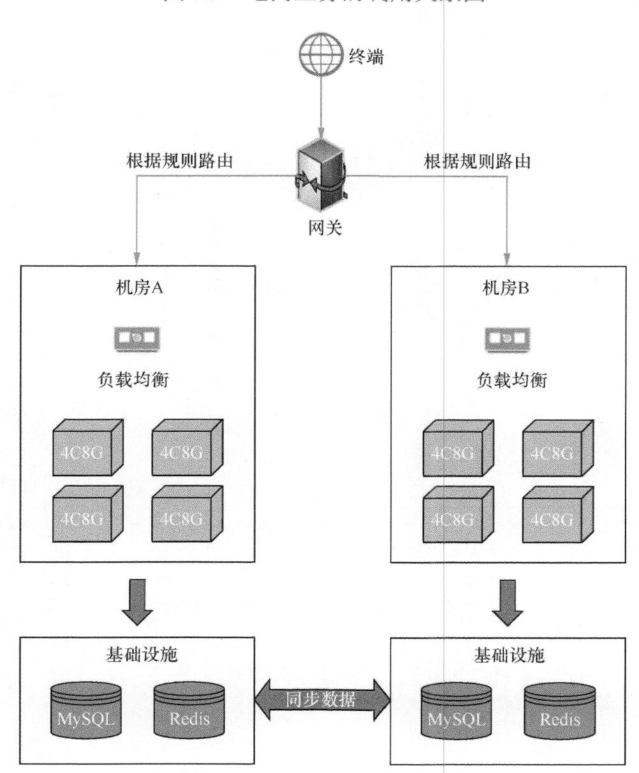

图 7.4 大促营销服务的部署图

（3）时序图

时序图用于描述服务对象之间的调用顺序，它可以帮助我们快速识别同步调用和异步调用，对链路梳理很有帮助。

图 7.5 所示为交易逆向流程的简化时序图（我们在 7.4 节中还将讲解涉及这一时序图的另一个案例），我们可以很明显地看到，逆向流程中取消订单的操作，对订单服务的调用就是异步的，订单服务并没有立刻返回结果，而是由逆向服务创建了一系列资源回退任务，异步执行回退，并由一个 Job（作业）去做兜底补偿。在这个例子中，我们需要重点关注的就是 MQ 的容量。

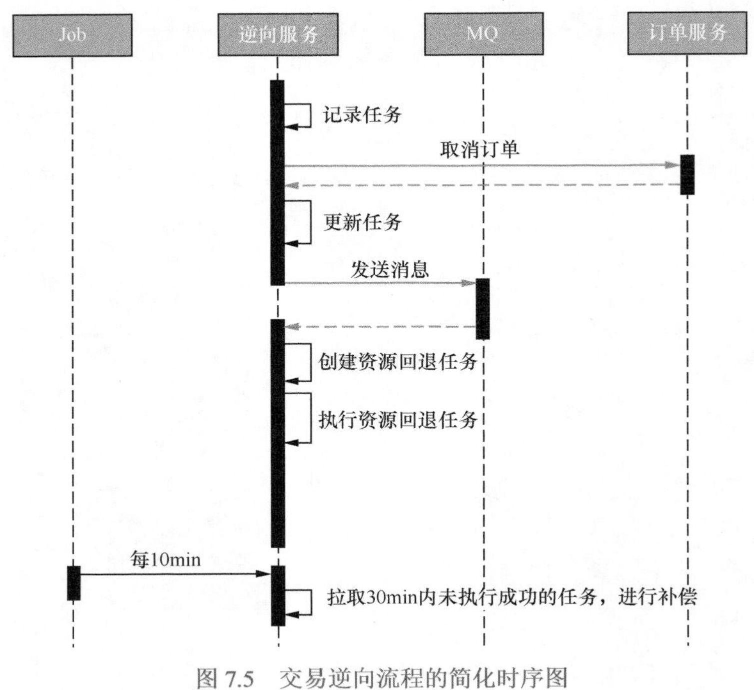

图 7.5　交易逆向流程的简化时序图

2. 存量服务的架构治理

对于存量服务的架构治理，由于时间和成本的约束，从性价比的角度考虑，我们可以梳理历史上发生过的事故和冒烟，这些历史问题所反映出的通用架构风险在大促前一定要根治，以防层层打补丁，造成技术欠债越滚越多。

例如，某服务曾因发生容量事故造成服务短时不可用，原因是 Redis 存在热 Key（大量请求访问某个特定 Key），那么，我们可以顺着这条线排查一下其他服务是否也有类似的隐患，做到防患于未然。

存量服务架构治理的另一个切入点是代码评审，即通过对已有代码进行审查，发现潜在的隐患，同时制定改进策略。建议把问题按业务领域落实到每个业务团队，以专项的形式来解决，也可以组织头脑风暴来尽可能全面地分析问题。图 7.6 展示了代码评审的参考内容。

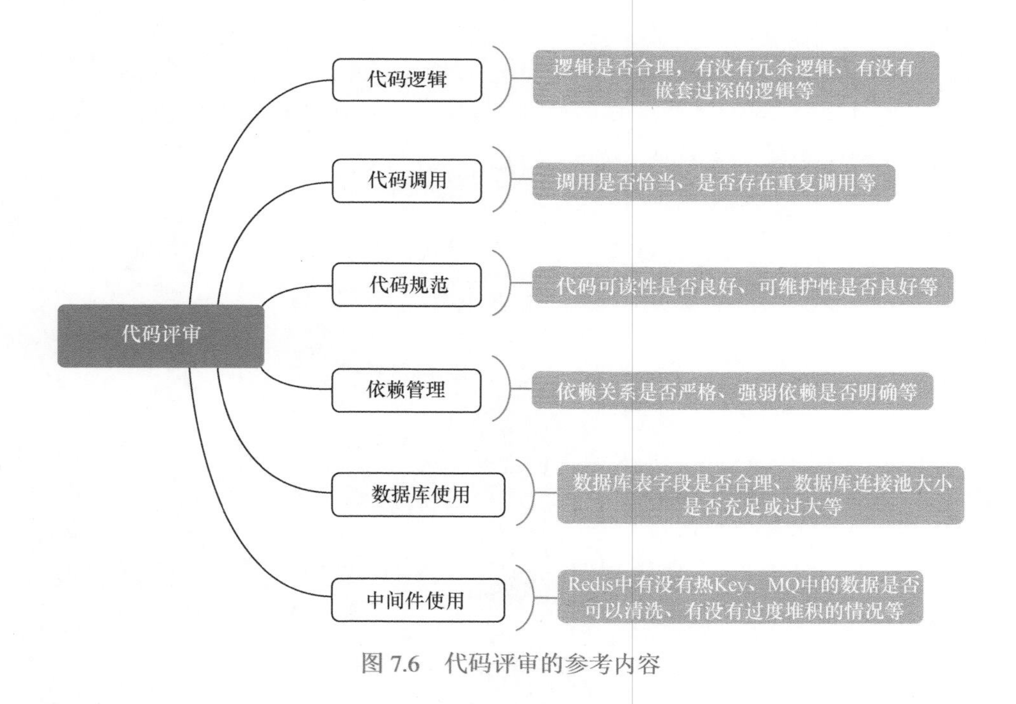

图 7.6 代码评审的参考内容

在“双 11”大促活动中，我们创立了一些存量服务架构治理的专项试点，获得了不错的效果，有些隐藏很深的问题，或长期处于灰色地带无人问津的隐患，都被暴露出来并得以解决。表 7.1 展示了其中的一些典型问题、风险隐患及其治理方案。

表 7.1　存量服务架构治理中发现的一些典型问题、风险隐患及其治理方案

问题	风险隐患	治理方案
调用方法存在 snapshot 包	修改后调用方无感知	更改为 release 包，强制检测
RedisLock 分布式锁使用场景不明确	死锁、跨机房失效、大部分场景不触发	不滥用，明确场景，使用乐观锁或事务代替
表结构字段	内容无法明确，可维护性差，无法建立索引	优化表结构
对外接口参数没有限制最大长度	长度过长导致接口超时	添加长度限制
Redis、MySQL、RPC 重复调用次数过多	网络超时	尽量使用批量操作，平衡好传输次数和大小
存在用数字代表业务含义的代码	可读性、可维护性、可扩展性差	枚举化

7.1.4　大促流量预估

大促流量预估是实施全链路压测的前提。如图 7.7 所示，在梳理出核心场景后，我们应当以链路视角去推导各服务的容量保障目标。

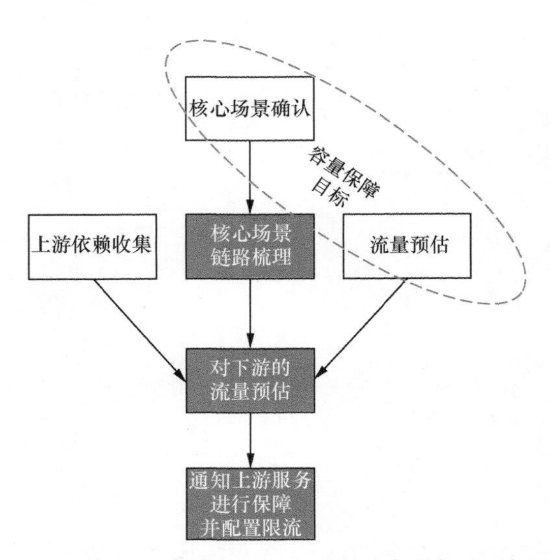

图 7.7　以链路视角推导各服务的容量保障目标

这里提供一个不错的实践方法，也是该企业在“双 11”活动容量保障工作中沉淀的一

个方法，称为下游负责制（又称入口服务负责制）。简单来说，就是所有服务调用方（下游）应负责预估对服务提供方（上游）的调用量，并及时通知上游服务进行保障。对于调用量很高且非常关键的调用方，上游服务甚至可以切分出一个物理隔离的集群，专门为这个调用方服务，以降低服务容量相互影响的可能性。

我们以“双 11”活动的订单服务为例。订单服务是非常核心的服务，也是很多关键服务的上游，其调用量非常大。如图 7.8 所示，有大量服务会调用订单服务，这里我们不关注调用方式，只从调用量的角度出发，根据下游负责制，每个下游服务必须预估对订单服务的调用量，并确保超出调用量时自身先进行限流或者降级。

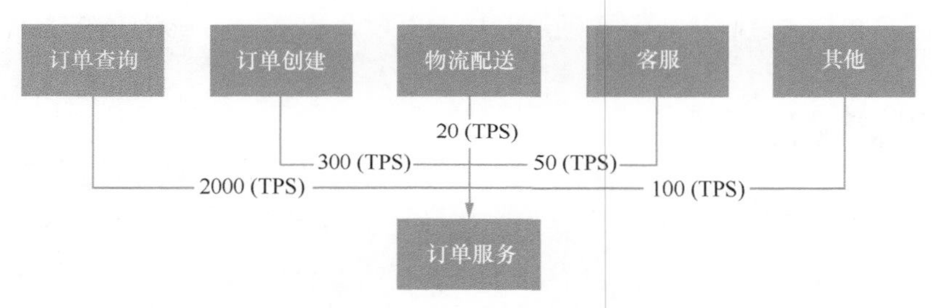

图 7.8　各下游服务对订单服务的调用量

订单服务在得到这些信息后，也要做防御性容量保障，不能假定这些下游服务都按预估调用量来调用。以图 7.8 所示举例，我们将订单查询和订单创建功能拆分出来，分别对订单服务的读操作和写操作，提供对接用户和商户的功能封装，这是典型的读写分离的架构设计思路。我们发现，订单查询对订单服务的调用量最大，由于订单查询是非常重要的服务，直接面对用户和商户，为了规避风险，对订单服务来说，可以切分出一个独立的物理集群，专门为订单查询提供服务。

这样做的好处是，一旦订单查询对订单服务的调用量出现预料之外的峰值，导致订单服务出现容量瓶颈，也不会影响其他调用方。当然，对于后续的全链路压测工作，两个集群的容量也需要分别进行验证。

除了上述案例使用的预估方法，还有一些关于大促流量预估的诀窍，总结如下。

- **大促期间的通用场景流量预估**：大促期间的通用场景不是大促活动所特有的，可能是日常业务场景，或者之前已经举办过的活动场景。针对通用场景的流量预估，我们可以依据日常流量情况，结合业务指标加上一定的涨幅进行预估。需要注意的是，一定要对比清楚场景，勿简单相加。

- **二八法则**：流量的时间分布通常是不均匀的，如果大促场景没有明确限定时段，可以预估 80% 的流量会发生在 20% 的时间内，并依此评估峰值 TPS。

- **竞品对比**：有些大促场景是全新制定的，在公司内没有任何历史经验可以借鉴，也没有准确的业务指标供转化。此时，我们可以尝试了解竞对公司是否进行过类似的活动，若有，通过收集公开数据进行横向对比，也不失为一种流量预估手段。

7.1.5 大促全链路压测

完成大促流量预估后，我们就有了验收标准，下面进入大促全链路压测工作。由于大促活动有其特定的业务场景，所以我们除了进行常态全链路压测工作，还要针对大促场景进行多次单链路压测，每次单链路压测都包含压测模型构建、压测数据准备、压测方案和计划准备、影响范围预估，以及监控和预案等工作。

如图 7.9 所示，在单链路压测通过后，还需要与常态全链路压测叠加进行混压，方能确保对全局容量的充分验证，这就是大促全链路压测（大促场景混压）的做法。虽说混压的成本比较高，但它是必不可少的，因为单链路压测只能验证局部大促场景的容量情况，无法推导出全局容量情况。

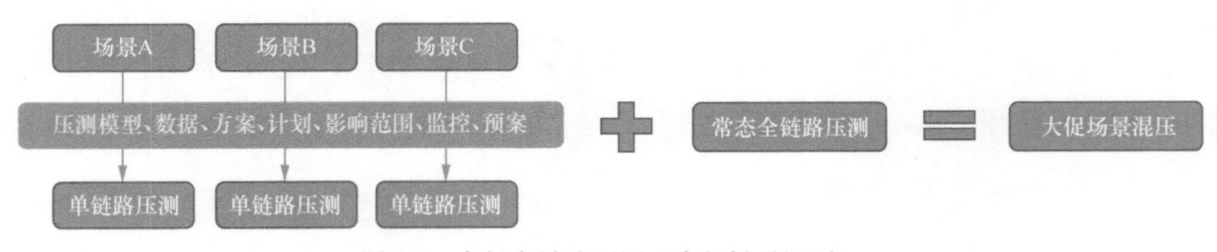

图 7.9　大促全链路压测（大促场景混压）

为了说明这个问题，我们来看一个例子。如图 7.10 所示，在“双 11”大促场景中，某活动场景涉及 3 个营销服务，我们分别对这 3 个服务进行了单链路压测，其结果都满足各场景的容量目标，但在进行混压时，容量全部都不达标，这是为什么呢？

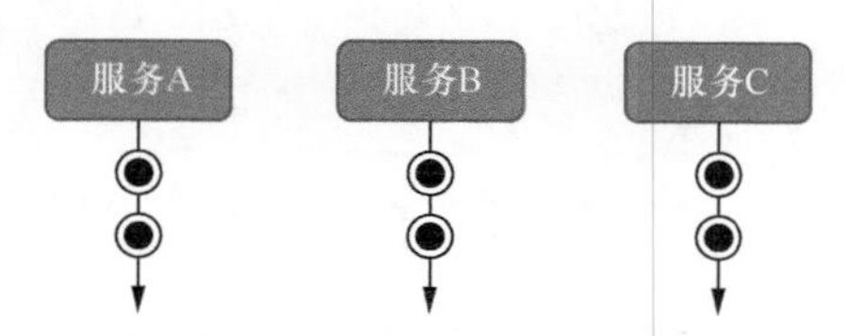

图 7.10 某活动场景涉及 3 个营销服务，单链路压测时各自容量均达标

我们首先检查了这些服务的部署方式和调用关系，发现这些服务都是独立部署的，相互之间也没有直接调用关系，从服务链路层面似乎看不出什么问题。

于是，我们顺着链路继续挖掘，直至最底层的数据库，终于发现了一些端倪。在单链路压测时，各服务所涉及的数据库读写性能基本都在 10ms 这个级别，性能上没有什么问题，但在混压时，这些数据库的读写性能都不约而同地变差了，负载上涨了近 10 倍。

这个现象非常奇怪，如图 7.11 所示，除上述 3 个营销服务会调用这些数据库以外，在混压期间这些数据库并没有其他调用方，各项服务之间也没有交叉调用数据库的情况。

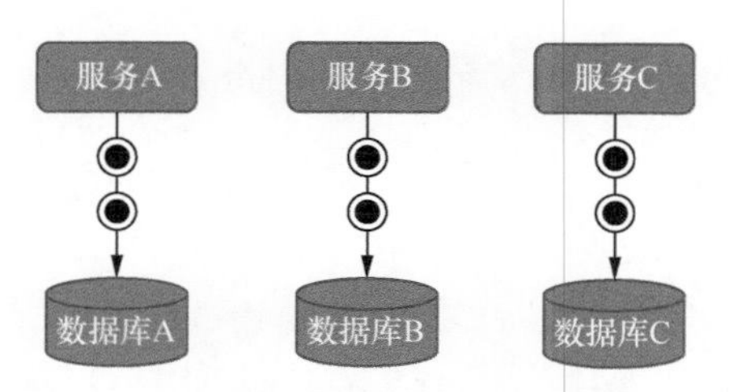

图 7.11 3 个营销服务与底层数据库的调用关系

无论如何，既然混压时主要的瓶颈出现在数据库上，我们只能邀请 DBA 一起排查问题，DBA 在观察到数据库服务器的高负载情况后，很快得出了结论。如图 7.12 所示，原来这 3 个服务调用的底层数据库节点恰好混合部署在一台数据库主机（服务器 A）上，其结果就是，在混压时这台数据库主机无法承载叠加压力，造成容量不足。

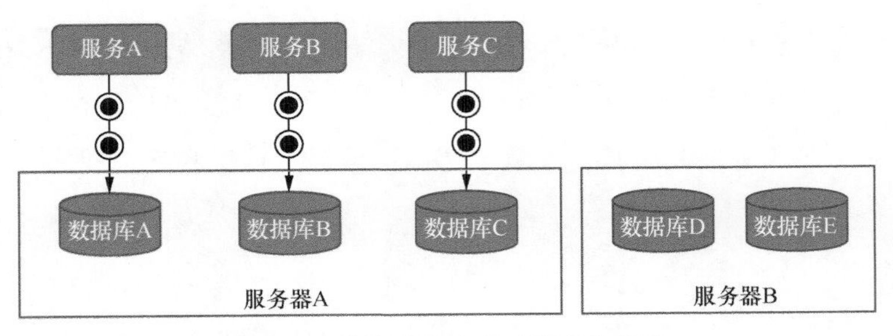

图 7.12 数据库节点的“混部”情况

在“双 11”活动场景下，这 3 个营销服务几乎是同时处于高负载下的，因此只有通过混压的方式才能还原真实场景，发现问题。这个例子虽然经过了一定的简化，但已经充分体现了混压的重要性，哪怕是一些表面上看起来没有什么关联的服务，在底层也有可能会相互关联，影响各自的容量表现。因此，为准确评估“双 11”期间的真实容量情况，必须进行大促场景混压。

如图 7.13 所示，我们可以在筹备大促活动的早期，就安排常态全链路压测，确保常态容量安全。大促场景的单链路压测可以穿插在大促准备期，根据服务上线的计划安排。技术团队在大促开始前一段时间会提前封版，确保所有服务不再变更后，我们可以密集组织若干次大促场景混压，保证全局容量安全。

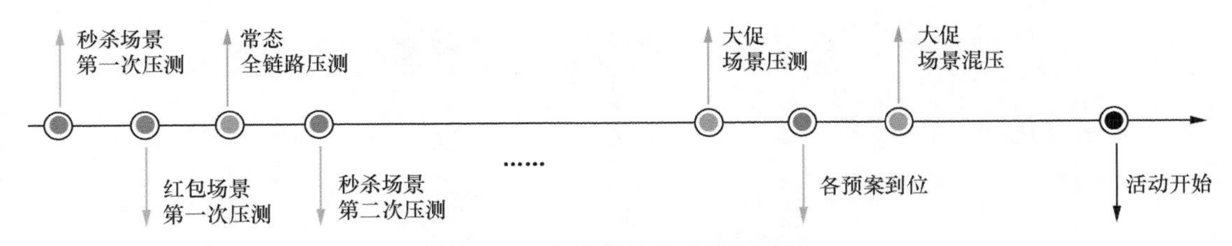

图 7.13 大促活动压测的时间线

7.1.6 大促活动容量保障体系

我们将上文谈到的各项工作抽象一下，整合为大促活动容量保障体系，并适当展开一些细节，如图 7.14 所示。

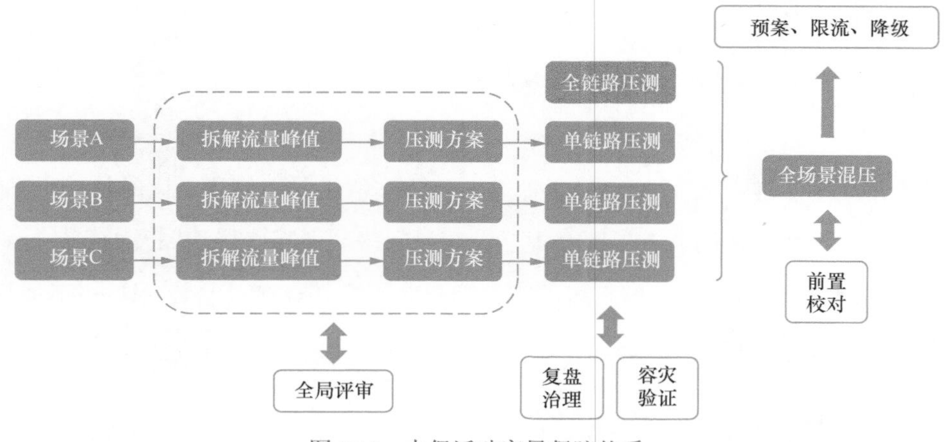

图 7.14　大促活动容量保障体系

首先，我们时常会发现一些单场景容量评估存在疏漏的情况，例如遗漏一条链路没有考虑到，或调用量计算错误，这种疏漏不一定是人员的不细心造成的，很多时候是因为缺乏足够的信息。为规避这些问题，我们在完成各个大促场景的容量预估后，组织了一次全局评审。全局评审的目的是使各方获得的信息一致，查遗补漏，这样确实能发现一些单场景梳理缺失的内容。

其次，在一个超大规模技术团队内组织全场景混压也是很令人头疼的工作，既要协调各个团队的技术人员、测试数据和资源，又要制定可操作性强的整体流程，传统的文档说明和宣讲很难保证每个人都知晓整体流程。

为此，我们在全场景混压前 1h 安排了一次前置校对，其实就是一个简单的流程通气会，会议的内容是串讲压测流程，并现场答疑，这相当于一次彩排，彩排结束后，立刻进入实战。至于测试数据和资源协调等工作，化整为零在线下由各业务团队异步完成，在彩排前可以先小流量进行调试，确保脚本和数据无误，压测资源充足。

再次，未雨绸缪早当先，居安思危谋长远。对于像大促活动这样的一次性活动，除了要进行严密的全链路压测和完善的容量治理工作，还要通过预案来降低一些意料之外的容量问题所带来的风险，确保活动期间一旦出现容量问题，能够快速解决。

最后，人的认知是螺旋式发展的。在大促活动完成后，应该及时组织复盘，总结经验，将不足之处尽可能多地暴露出来，以免将来再犯。

7.1.7 案例总结

我们对某大型企业“双 11”大促活动容量保障案例进行了解读，同时构建了一个大促活动容量保障的框架，帮助读者了解大促活动容量保障要做哪些事，以及如何做好这些事。虽然这个案例诞生于大型企业，但它对于中小型企业同样具有参考意义。让我们通过图 7.15 来通览大促活动容量保障的全貌。

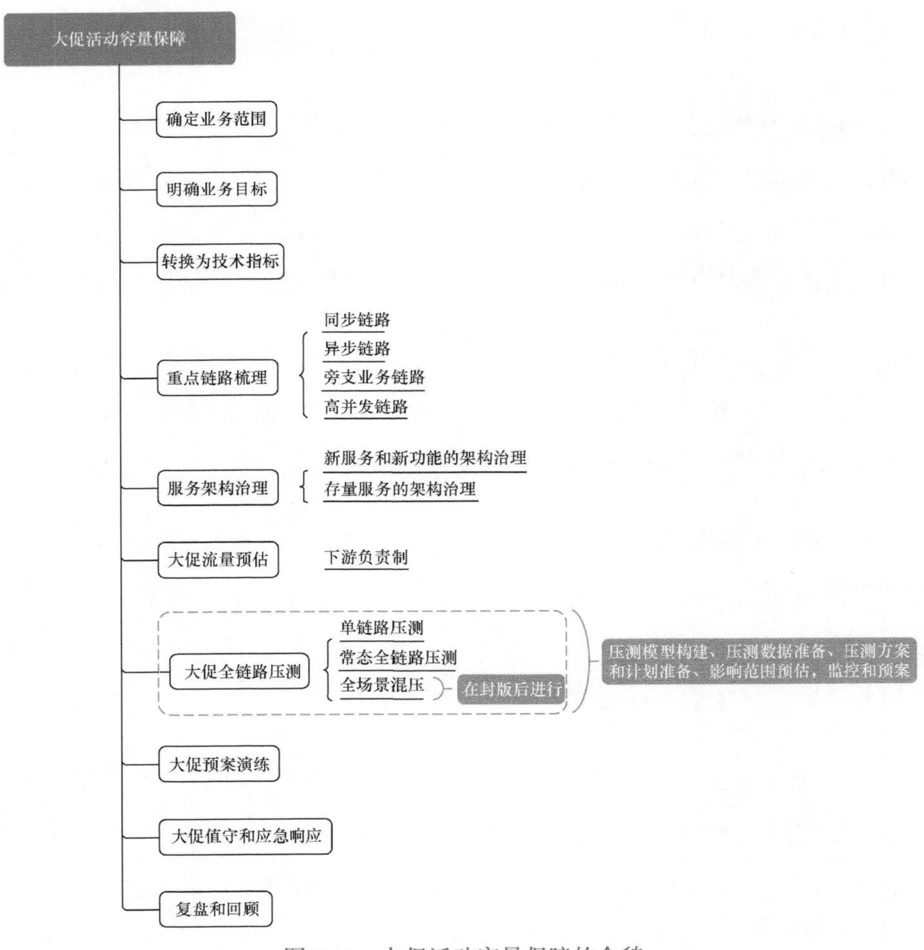

图 7.15 大促活动容量保障的全貌

7.2 某创业公司全链路压测建设之路

传统创业公司的典型特点是技术团队精干，但技术成熟度较弱。不过，这并不意味着创业公司就不需要实施全链路压测了。我们在 3.3 节已经充分探讨过这个问题，是否需要实施全链路压测与公司大小无关，而与公司的业务特点有关。

我们将要介绍的这家创业公司，主营本地生活场景下的生鲜在线售卖，用户可以在该公司的平台上购买生鲜食品，平台最快能在半小时内将食品配送至用户手中。公司的业务特点可以归纳为以下几点。

- 高并发：面向 C 端用户，大量用户集中在流量峰值期（中午和晚上）下单。
- 时效性：最快半小时内送达，用户也可预约配送时段。
- 常态化：用户每天都有用餐需求，因此大流量的峰值特性不是偶发的，而是常态的。
- 长链路：业务链路较长，一次购买行为将涉及导购、下单、支付、履约等多个环节。
- 多促销：平台经常举办大规模营销活动来促进消费，这会带来额外的流量压力。

可见，该公司的业务特点是很容易引发容量风险的，而且随着业务规模的不断扩大，风险也会越来越大。同时，公司业务直接面向大量 C 端用户，一旦服务系统出现容量问题，影响面将会非常大，公司的名誉也会受到影响。基于这些因素，公司高层决定将全链路压测作为技术团队的头号项目。

7.2.1 全链路压测的建设背景

我们先来看一下这家创业公司的技术背景，公司的技术成熟度总体较为薄弱。在早期，公司有30多名开发人员，他们使用PHP语言快速搭建了第一套单体架构的服务系统。随着业务不断发展，单体架构逐渐无力支撑愈发庞大的访问量、满足快速迭代的业务需求，于是技术人员开展了微服务改造和部分中间件自研工作，同时还使用了多种编程语言，形成PHP、Java、Python、Go等语言并存的局面。在准备建设全链路压测时，公司的技术栈处于一种“混沌”的脆弱状态，说是“开着飞机换引擎”也不为过。

此外，公司的技术人员执行力都非常强，但普遍缺乏应对高并发场景的经验。虽然公司通过招聘引入了两名熟悉全链路压测的专家来担任架构师，但对于这支缺乏经验的团队来说，全链路压测能够成功落地吗？

7.2.2 全链路压测的技术方案

我们从数据隔离、应用服务改造、压测模型构建、压测执行这4个方面来介绍该公司全链路压测技术方案的制定和实施。

先说数据隔离，考虑到公司技术栈的复杂性，团队果断选择了逻辑隔离的方式进行数据隔离，这样既无须对中间件进行改造，又无须实现压测标识的透传。但逻辑隔离有两个缺点，一是需要在数据实体中打标，但该公司使用的数据库是非关系数据库MongoDB，增加一个压测标识字段非常方便，增加多个则不太方便；二是需要在业务代码中根据不同压测标识字段进行逻辑判断，以保证压测流量的正确走向，这部分工作如果存在疏漏，容易引发数据安全问题，技术团队对此制定了完善的方案，并确保所有逻辑都经过完整的测试。

接下来，团队开始进行应用服务改造，改造的重点是让压测流量能够畅通无阻地贯通服务链路，同时兼顾数据隔离的实现，具体内容如下：

- 针对压测用户，对下单频次放开限制；
- 针对压测用户，不触发风险拦截；

- 针对压测站点，不限制配送距离；
- 针对压测骑手，不限制背单数量；
- 针对压测活动券，不计入预算消耗；
- 针对第三方支付调用，返回 mock 响应；
- 针对所有压测数据，在大数据处理环节不进入数据仓库。

应用服务的改造工作均在业务代码中实现，虽然这会带来少量“难看的代码”，但这是最高效的做法。在经过测试人员验证确保改造工作不影响正常功能后，这些功能将被发布到生产环境中。

下面，我们介绍压测模型的构建工作。根据公司的业务特点，全链路压测由两类重要场景组成。第一类场景为写场景，主要涉及下单流程，包含用户添加购物车、选择优惠券、下单、支付、站点分拣、履约配送等环节。技术团队根据真实场景串联服务接口，并整合压测数据。第二类场景为读场景，涉及所有读接口，出于成本考虑，主要覆盖线上高峰期 QPS 超过 100 的读接口，采用线上日志回放的方式整合压测数据，线上日志的来源是公司的日志管理系统。这些工作由全链路压测的专项性能测试人员来完成，运维人员和开发人员提供必要的支持。

最后，关于压测执行，同样是出于成本考虑，技术人员先直接使用开源工具 JMeter 进行压测，并使用 JMeter 自带的吞吐量控制器对 TPS/QPS 进行调节，然后通过公司搭建的监控系统（Grafana 和 CAT）观察压测结果。为了提升压测效率，减少人员出错的可能性，团队先使用 Python 编写了若干脚本来触发 JMeter 命令，然后将压测参数统一预置在外部脚本中。通过这种做法，我们仅仅需要输入一条命令就能触发所有 JMeter 脚本进行压测，这相当于实现了一个极简的压测场景编排功能。

我们将上述技术方案汇总，如表 7.2 所示。这套方案非常适合创业公司，它兼顾了实现的成本和复杂性，能够帮助公司以较小代价落地全链路压测。这套方案的缺点是应用服务改造和数据逻辑隔离的风险较大，需要经过严密的测试，并在生产环境中通过小流量调试无误后，方可大规模实施。

表 7.2 该创业公司全链路压测技术方案总结

改造事项	方案
数据隔离	逻辑隔离
应用服务改造	业务代码中实现
压测模型构建	人工编排（写场景），线上日志回放（读场景）
压测执行	使用 JMeter 和相关插件执行压测

7.2.3 全链路压测的管理方案

下面，我们按照全链路压测实施时间顺序，解读该公司是如何管理全链路压测相关工作的。

在全链路压测实施前期，公司由 CTO（Chief Technology Officer，首席技术官）授权建立了专项技术改造项目制度。经过与业务方协调，公司所有业务技术团队将预留不超过 15% 的人力投入专项技术改造项目的建设工作，具体投入哪些项目是根据优先级决定的，全链路压测就是其中的一个重点项目。

为了保证全链路压测能够尽快落地，公司引入了敏捷开发模式来管理全链路压测的技术工作。业务技术团队基于全链路压测的技术方案进行任务拆分和排期，由项目管理人员负责召开例会跟踪进度，一旦发现风险，需要在第一时间采取措施。在实际工作中，团队曾发现过如下典型的风险点。

- 某些技术人员对全链路压测技术方案的理解有误，造成不必要的返工。应对方法是加强技术方案的宣传和讲解，同时建立代码评审机制，尽可能在早期发现理解不一致之处，做到早发现、早纠正。

- 某些技术工作之间存在依赖关系，导致部分技术人员需要等待依赖项完成才能继续工作。解决方法是在任务拆分时识别依赖关系并合理分配任务的实现周期，如果出现遗漏的情况，在开例会时要及时报告，以便及时做出调整。

- 在技术改造工作中，发现了一些之前没有考虑到的问题。此时，团队应当立即将问题抛出，由架构师评估后决定是否修改技术方案或采取其他措施。

在全链路压测的技术改造工作的开展如火如荼的同时，公司可组建一支迷你的全链路压测团队，由两名专职全链路压测的架构师和一名性能测试人员组成。这支团队负责准备压测数据和压测脚本，在技术改造工作完成后，循序渐进地执行全链路压测，包括下面几项工作。

- 在测试环境中验证所有技术改造点，确认功能正确，没有数据风险。

- 在生产环境中小流量执行全链路压测，观察流量走向和压测数据是否与预期一致。

- 在生产环境中逐渐加大流量，确认服务容量状态后，逐渐增加压力至达标。

在这个阶段，各个业务团队需要安排人员值守，如果在执行全链路压测的过程中出现风险应第一时间介入以排查问题，直至全链路压测执行完毕。

7.2.4 案例总结

创业公司的“小而美”的组织风格，其优势是灵活、执行力强，劣势是基建薄弱、缺乏沉淀。在创业公司实施全链路压测，其技术难度往往更甚于管理难度，此时需要兼顾技术实现的成本和风险。在这个案例中，公司的管理层在公司业务规模扩大的“起点”选择推动全链路压测，是非常合适的时机。同时，技术团队也制定了适合企业现状的全链路压测技术方案，并建立了科学的管理机制以辅助技术工作的实施，最终仅仅用了两个多月的时间，全链路压测就在企业内落地了。

7.3 某商业银行全链路压测实践案例

在很长一段时间里，金融行业都是全链路压测的“禁区”，因为全链路压测需要在生产环境中“作业”，而金融行业的生产环境通常是被强管控的，导致全链路压测缺乏实施的基础。

然而，金融行业对全链路压测的需求有增无减。在“互联网＋”浪潮的推动下，金融行业的服务形式悄然发生了变化，从原始的柜台服务形式逐渐转变为基于移动端的服务形式。在这种情况下，终端访问的用户流量规模不断扩大，服务的容量安全日益成为金融行业必须面对并解决的重要问题。我们需要思考如何将全链路压测在金融行业落地，以应对新的互联网模式。

本节，我们将介绍某商业银行的全链路压测实践案例，总结在金融行业落地全链路压测的通用思路。

7.3.1 业务和技术背景

该案例所涉及的业务是某商业银行的手机银行业务。如图7.16所示，手机银行业务可以细分为多个板块，用户的访问行为比较复杂，有阶段性的容量风险。例如在月初和月末，账户查询量将会大幅上升，而且该银行时常会举办一些营销活动，也会造成流量的大幅波动，这些业务特点都对服务容量保障提出了较高要求。

该银行的技术选型比较保守，事实上很多银行内部使用的都是年代久远的“古董级”技术，这是因为银行业务对稳定性的要求非常高，所以往往倾向于使用成熟、稳定的技术，而不会盲目追求新技术。然而，技术更新迭代缓慢也导致了大量遗留系统的产生，这些系统是很脆弱的，最好不要进行复杂的改动。

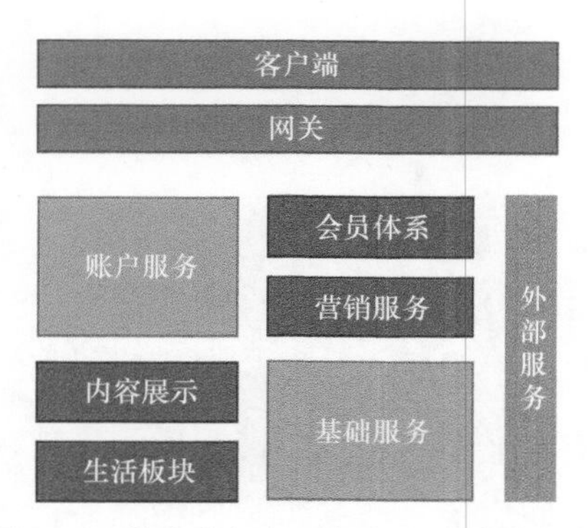

图 7.16　某商业银行手机银行业务各板块

该银行的整体技术架构分层也比较简单。最上层为接入层，提供流量路由和负载均衡等功能，并附带防火墙；中间的服务层为应用服务所在位置，以集群形式对外提供服务；最下层为基础设施层，涵盖数据库、缓存、消息队列等中间件。每一层都可能会产生容量隐患，因此需要进行全链路压测以便及时和准确地发现潜在的风险。

在组织架构上，该银行拥有充足的具备容量保障和性能测试专业领域知识的技术人员，但分散在多个业务团队中。为了实施全链路压测，该银行建立了一支虚拟团队，规定每个参与人员有 50% 的绩效来自全链路压测的相关工作。虚拟团队由首席架构师带领，各团队的技术负责人监督管理。

7.3.2　全链路压测的技术方案

由于银行的生产环境非常敏感，对数据的管控极为严格，因此无法对大规模流量进行压测。技术团队考虑到该银行的技术架构并不复杂，选择在线下搭建一套与生产环境相匹配的测试环境——全链路压测环境，需要保证该环境与生产环境的下列配置是对等的：

- 服务器的硬件配置；
- 中间件的各项参数；
- 服务调用的链路走向；

- 网络配置（如带宽、专线等）；
- 防火墙等其他配置项。

使用这种方式，数据隔离就不是必选项了，也就不需要对中间件和遗留系统进行大刀阔斧的改造，这符合该银行的技术背景。当然，上述配置在实际工作中是很难做到完全对等的，例如防火墙是很昂贵的，不可能为了全链路压测单独采购一套，因此技术团队在全链路压测环境的接入层上适当增加了一些延迟，以模拟流量经过防火墙的效果。还有一些第三方系统的对接，也不便真实调用，技术团队选择使用挡板来替代它们。

下面，我们再来看压测数据，由于银行的数据是非常敏感的内容，因此我们无法从生产环境中导出真实数据（即便采取脱敏措施）作为压测数据使用。在这种情况下，技术团队基于功能测试中构造的测试数据，通过一定的规则生成大量符合要求的压测数据，并按照线上数据的规模等比例存入全链路压测环境的数据库，以达到仿真效果。

对于压测模型，技术团队虽然无法通过批量获取线上日志来构造压测模型，但可以获取生产环境中各接口的访问量，这对设置压测时各接口的流量配比可以起到参考作用。对于接口的内部调用，主要基于服务调用关系进行人工梳理，形成压测模型。

7.3.3 全链路压测的实施效果

在全链路压测的准备工作完成后，该银行的性能测试人员使用 LoadRunner 发起大规模请求，并对服务容量情况进行监控。表 7.3 展示了其中一次全链路压测的结果（仅展示片段）。

表 7.3 某次全链路压测的结果片段

接口名称	接口	压测 TPS/（个·s^{-1}）	目标 TPS/（个·s^{-1}）	并发量 / 个	响应时间（P95）/ms
查询账户明细	/api/account/queryAccountDetails	81.5	80	60	38
查询用户信息	/api/user/queryUserInfo	210	200	150	51
查询已绑定银行卡	/api/account/queryBankcardList	39.8	40	30	33

续表

接口名称	接口	压测 TPS/（个·s⁻¹）	目标 TPS/（个·s⁻¹）	并发量 / 个	响应时间（P95）/ms
银行卡支付	/api/client/trade/bankcardPayment	42.3	40	30	76
信用卡支付	/api/client/trade/creditcardPayment	41.8	40	30	82

压测期间的各项资源消耗情况（仅展示片段）如表 7.4 所示。

表 7.4　某次全链路压测期间各项资源消耗情况片段

应用名称	CPU 使用率 / %	CPU 负载	网络 I/O
服务 1	＜ 60	0.47	入口为 23Mbit/s。出口为 13Mbit/s
服务 2	＜ 50	0.09	入口为 8.2Mbit/s。出口为 8.0Mbit/s
服务 3	＜ 70	0.90	入口为 52Mbit/s。出口为 30Mbit/s
服务 4	＜ 30	0.12	入口为 2.2Mbit/s。出口为 2.1Mbit/s
网关	＜ 10	0.02	入口为 108Mbit/s。出口为 64Mbit/s
数据库	＜ 50	3.00	入口为 43Mbit/s。出口为 98Mbit/s

通过全链路压测，技术团队可以得出结论：在目标 TPS 下，CPU、网络 I/O、数据库和网关均没有出现明显的容量瓶颈，服务响应时间处于正常波动范围内，系统能够支撑目标流量。压测过程中出现了少量超时的情况，经排查为调用第三方支付的挡板设置的返回时间过长，缩短该时长至合理范围后，问题解决。

7.3.4　案例总结

金融行业的特点是强监管、重数据，因此在生产环境中的相关操作需要非常谨慎。与此同时，随着“互联网 +”理念在金融行业的渗透，金融行业也逐渐开始“拥抱”互联网，对容量保障的要求日益增加，需要全链路压测的加持。我们应当在严格控制风险的情况下，循序渐进地推动全链路压测工作在金融行业的落地。

在这个案例中，该银行通过在线下搭建一套与生产环境相匹配的全链路压测环境，可谓一劳永逸地规避了线上风险，在该银行技术架构简单且愿意投入成本的前提下，这是一种值得借鉴的方式。

7.4 全链路压测与混沌工程的融合案例

随着软件复杂度的不断上升，软件产品在运行时所面临的“变量”也愈发增多，庞大的分布式系统天生伴有各种复杂依赖，可能出错之处也层出不穷，“不确定性”逐渐成为软件系统的固有属性，因此我们也需要转变思路，用应对不确定性问题的方式来保证软件的可用性和稳定性。

混沌工程正是应对不确定性问题的一把利器，既然我们无法穷尽软件系统在运行时可能遇到的所有问题，那就要接受系统一定会存在缺陷和发生故障的“混沌态”，通过一系列的演练不断暴露这些问题，不断优化和改进软件系统，让系统在每一次失败中获益，从而不断进化。

混沌工程可以帮助全链路压测补充一些异常场景，这些异常场景也是全链路压测的重要组成部分。此外，我们还需要验证系统在高压情况下的容错能力，然而在服务高峰期进行故障注入的风险是非常大的，此时全链路压测就是合适的构建高负载场景的手段。全链路压测也可以辅助故障演练，逼近实战效果。

下面，我们展开介绍 3 个具体的案例，以便读者加深对上述内容的理解。

7.4.1 异常场景下的全链路压测

传统的全链路压测业务场景通常涵盖的都是“正常的”操作流程，如用户下单成功、支付成功、履约成功等，但异常场景下的服务容量同样重要，尤其是那些为应对异常场景而设置的兜底处理逻辑，它们是很重要的保障措施，如果它们出现容量问题，就可能达不到预期的保障效果。因此，对于这些异常的处理逻辑，也需要通过全链路压测来检验并解决。

异常场景下的全链路压测需要增加一个操作步骤，即异常场景构造。下面我们展示一个交易逆向流程的异常场景构造案例。

1. 背景

交易服务是互联网电商的核心服务，交易逆向流程指的是由用户取消订单或退单等发起的一系列流程。这一流程涉及大量资源回退任务，例如用过的券要返还、用过的积分要返还、付过的钱要退款、占用的活动名额要释放等。这些任务一旦回退失败，必然引起用户不满，导致投诉。

图 7.17 所示为交易逆向流程的简化时序图。当逆向流程被触发时，逆向服务将记录相应的任务字段，同时告知订单服务需要取消订单。考虑到高并发场景，我们并不会同步处理所有的资源回退，而是将需要回退的任务消息发送至 MQ，异步创建回退任务并执行。

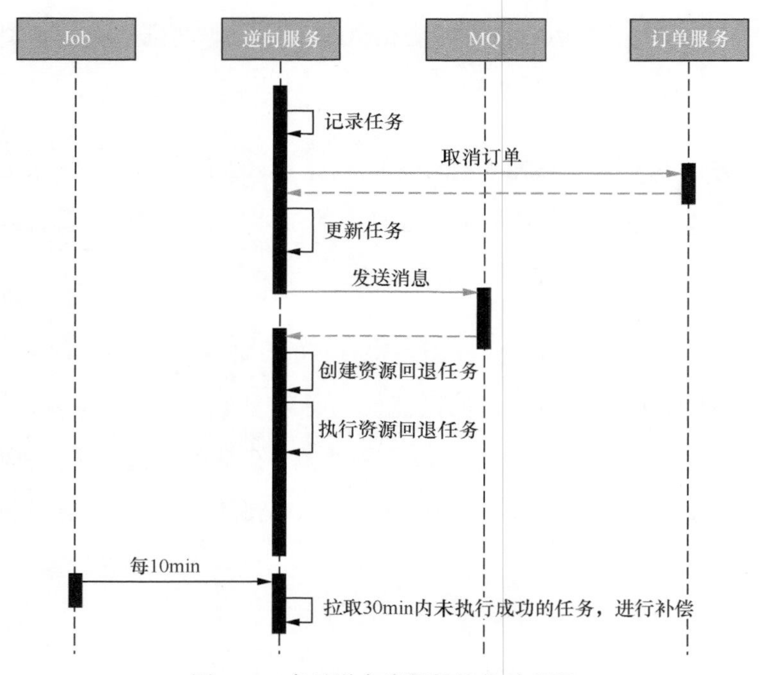

图 7.17 交易逆向流程的简化时序图

那么问题来了，事实上在逆向服务通知订单服务时，订单状态已经被置为取消，也就是说，用户已经看到该订单为取消状态，如果异步执行的回退任务失败，就会出现订单被取消，钱却没有回来的窘况。为解决异步操作带来的问题，我们设置了一个补偿 Job，每 10min 拉取 30min 内未执行成功的任务，并根据当时的回退状态和类型进行补偿，保证所有资源回退到位。

以上是对异常场景案例的背景介绍，下面我们来看一下如何构造异常场景。

2. 构造异常场景

为了便于介绍，我们将讨论范围缩小至一种异常场景，具体为创建退款回退任务失败，通过 Job 完成退款补偿。这个异常场景的构造方式是破坏退款回退任务，但不能影响其他任务的执行。

我们使用 JVM-Sandbox 来构造这一异常场景，JVM-Sandbox 是阿里开源的一个优秀的 JVM 层的 AOP 工具，可以在运行期进行无侵入性的字节码增强，我们不赘述具体的安装过程，读者可以自行查阅官网文档了解。

我们先在服务节点上挂载 JVM-Sandbox 的代理并 attach（依附）到 Java 进程中，然后启动相应的注入脚本。注入脚本是异常场景模拟的主体，非常关键。我们来看一下如何编写针对退款回退任务的异常注入脚本。

首先，我们确认注入的目标方法为退款回退任务的资源回退方法 com.xx.task.BackwardTask.refund(...)，这就是需要破坏的方法。如以下代码所示，在注入脚本中我们通过 onClass 和 onBehavior 方法定位到了该方法。然后，我们需要确定破坏的时机，这里我们重写了 before 方法，在目标方法调用前触发我们注入的逻辑，即 throwsImmediately 直接抛出异常，实现最终的注入效果。

```
@Command("inject")
public void inject() {
```

```
        new EventWatchBuilder(moduleEventWatcher)
                .onClass("com.xx.task.BackwardTask")
                .onBehavior("refund")
                .onWatch(new AdviceListener() {
                        @Override
                        protected void before(Advice advice) throws Throwable {
                                ProcessController.throwsImmediately(new Exception());
                        }
                });
    }
```

3. 在全链路压测中植入异常场景

我们已经能够通过动态修改的方法实现构造异常场景，但要将其植入全链路压测，还要解决异常场景的压测流量比例控制问题，我们并不希望所有业务流程都进入异常逻辑，这会影响正常业务场景的压测量。

这个问题的解决方案是限定异常场景注入的范围，例如只对某几个压测用户生成的订单注入异常场景，JVM-Sandbox 支持获取目标注入方法的输入参数，我们通过对输入参数加以判断并执行不同的逻辑，就能实现这个方案。在准备全链路压测的数据时，我们只需要控制这部分压测数据的配比，就能达到控制异常场景的压测流量比例的目的。

至此，我们成功在全链路压测的业务场景中集成了该异常场景，用类似的方法还可以集成更多异常场景。

7.4.2 高负载下的故障模拟

当服务分别处于低负载和高负载时，同一类故障对服务造成的影响往往是不同的，有些服务在自身压力不大时的容错能力表现非常好，一旦压力上升，服务的容错能力就会急剧恶化。通过在服务处于高负载时进行故障演练，能够帮助我们更好地观察服务应对故障的能力，以便对其进行改进和优化。

某企业在一次业务高峰期间，发现一个核心服务的请求成功率大幅下降，已经影响用户的正常使用，但服务自身的资源并没有出现任何瓶颈。经排查，在请求成功率下降的时间段内，部分数据库服务器的网络丢包率有一定程度的上升，这可能是潜在的原因。于是，企业对测试环境中的数据库服务器进行了故障注入以模拟网络丢包的情况，结果发现在故障模拟期间，对测试环境中的服务发起多次调用请求都返回了正确结果，成功率并没有出现大幅度的波动。

在这种情况下，企业决定先执行全链路压测的一部分脚本，以增加目标服务的局部压力，再对数据库服务器注入丢包故障，此时我们观察到服务成功率出现了大幅下降。经过几次试验后，我们发现在一定的丢包率“水位”下，服务成功率和服务负载成反比。

掌握了这个规律，我们就可以采取相应的预防措施了。一种措施是要求云服务商解决频繁丢包的问题，并对数据库各节点加强对丢包率的监控，一旦出现丢包率下降的情况，及时切换节点；另一种措施是通过重试等机制提升服务层的容错能力，即便数据库丢包率上升，服务也能将成功率控制在可接受的范围内。

在这个案例中，我们利用全链路压测将服务流量提升至高负载水平，再进行故障注入，真实地复现了业务高峰期出现故障的场景，并采用针对措施，有效预防此类问题的再次发生。

7.4.3 全链路压测与攻防演练的融合

攻防演练是一种优秀的混沌工程实践形式，在大型互联网公司已有不少实施案例。攻防演练参照了军事演练模式，即技术团队被分成攻击方和防御方，攻击方负责准备故障注入场景和时间，并选择一个窗口执行注入；防御方则努力在规定时间内发现问题并及时响应，同时采取措施解决问题。若防御方在规定时间内未响应或未修复问题，则攻击方胜利，反之则防御方胜利。

演练双方通常来自同一业务领域的技术团队，但双方必须严格遵守保密纪律，尤其是攻击方不得提前透露故障注入场景和时间，除非防御方超过规定时间未响应，此时才可以主动告知防御方，以便及时修复问题避免不必要的损失。演练完毕后，攻防双方要及时复盘，将演练过程中遇到的问题记录下来，持续对其改进和优化。

部分企业考虑到生产环境的敏感性，会在预发环境实施攻防演练，预发环境与生产环境使用相同的数据库，但没有真实的用户流量，针对应用服务进行攻防演练相对安全一些。但没有用户流量也会带来一些问题，最明显的问题莫过于即便制造了故障，没有用户流量也就意味着故障难以触发监控告警，防御方失去了发现故障的渠道，也就达不到攻防演练的效果。那么，我们能不能主动制造一些流量呢？答案是肯定的，但如果我们仅仅针对故障场景制造一些流量，那就暴露了故障的范围，也无法达到攻防演练的效果。

在实际工作中，我们可以利用全链路压测制造小规模的全局流量作为演练的背景流量，并持续若干个小时。在此基础上，挑选某个时刻进行攻防演练，这样既能获得更真实的演练效果，又在一定程度上兼顾了安全性。图 7.18 展示了全链路压测融合攻防演练的实施流程。值得一提的是，这种通过模拟业务压力和随机事件，针对软件系统的脆弱性实施勘验和测量的方法，也是反脆弱性工程（antifragility engineering）所提倡的实践方法。

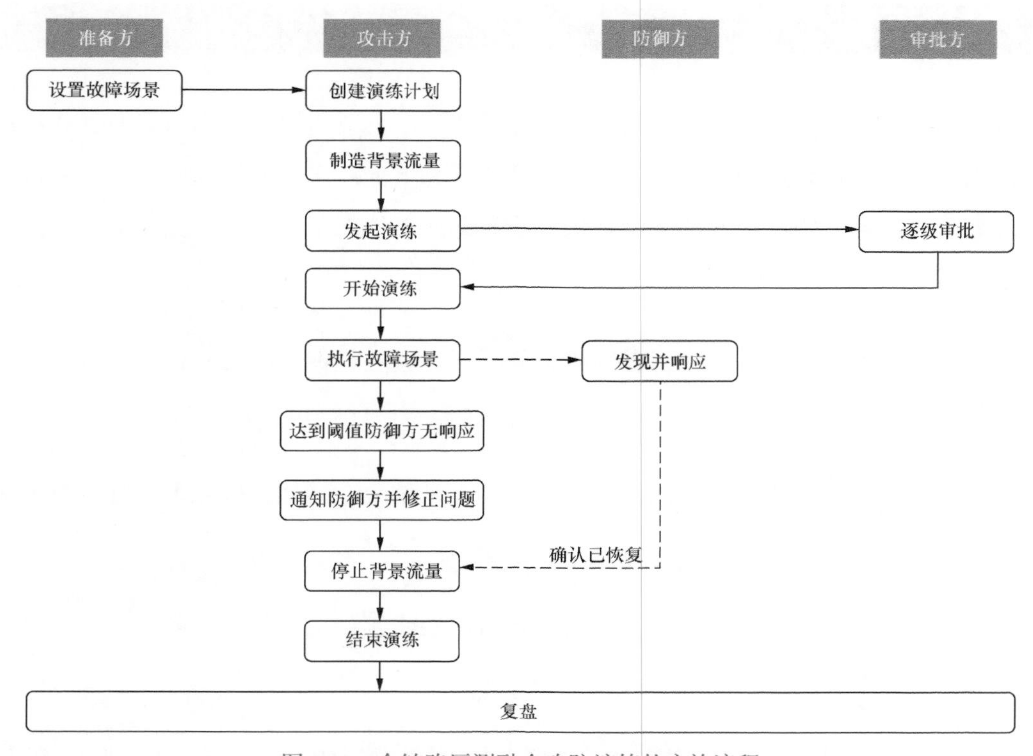

图 7.18 全链路压测融合攻防演练的实施流程

7.4.4 案例总结

全链路压测与混沌工程的融合体现在3个方面，第一个方面是异常场景下的全链路压测，我们需要保证服务处于高负载时，异常处理逻辑依然能够正常工作；第二个方面是高负载下的故障模拟，有些故障只有出现在服务处于高负载时，才会导致致命的后果，因此需要在全链路压测的过程中复现；第三个方面是全链路压测与攻防演练的融合，可以利用全链路压测作为背景流量的生产者，更真实地实施攻防演练。

通过对这些方面的案例解读，我们扩大了全链路压测的使用范围，使其发挥出更大的作用。

7.5 本章小结

本章，我们讲解了4个实战案例，这些案例涵盖了全链路压测在不同类型企业的落地实践，也涵盖了全链路压测在容量保障和混沌工程领域的应用。通过这些案例，我们希望能够抽象出符合不同类型企业的全链路压测演进路线，继而帮助更多企业完成全链路压测的落地。

- 有人说，看一家公司的容量保障做得好不好，就看大促活动时它挂不挂。大促活动是检验容量保障工作的一块试金石，非常考验团队的综合能力。
- 服务架构是影响服务容量的根本所在，在一个不合理的架构体系上进行容量保障是一件很困难的事情。
- 大促流量预估的下游负责制指所有依赖方应负责预估对被依赖方的调用量，并及时通知被依赖方进行保障。
- 虽说混压的成本比较高，但它是必不可少的，单链路压测没有问题只能说明局部最优，无法推导出全局最优。

- 创业公司“小而美”的组织风格，其优势是灵活、执行力强，劣势是基建薄弱、缺乏沉淀。在创业公司实施全链路压测，其技术难度往往更甚于管理难度，此时需要兼顾技术的实现成本和风险。

- 金融行业的特点是强监管、重数据，因此在生产环境中的相关操作需要非常谨慎，但金融行业在互联网背景下也需要全链路压测的助力，我们应当在严格控制风险的情况下，循序渐进地推动全链路压测工作在金融行业的落地。

- 异常场景也是全链路压测的重要组成部分，异常场景的容量问题应当得到重视并解决。

- 我们可以利用全链路压测制造小规模的全局流量作为攻防演练的背景流量，在此基础上，挑选某个时刻进行攻防演练，这样既能获得更真实的演练效果，也在一定程度上兼顾了安全性。

第 8 章　全链路压测快问快答

知而好问，然后能才。——《荀子》

本章，我们将以“快问快答”的形式，将笔者在全链路压测日常工作和对外交流过程中收集的高频问题，分别归纳为技术篇、管理篇和职业发展篇，简明扼要地进行回答，力求用最短的篇幅总结出最精华的内容。同时，这些问答也可以作为全链路压测从业人员遇到瓶颈时的“锦囊”，用于传递实用的实践方法。

8.1 技术篇

8.1.1　统一基础设施是实施全链路压测的必要条件吗？

在 7.2 节中我们介绍了技术团队在一个基础设施非常散乱的创业公司成功实施全链路压测的案例，在该案例中，技术团队在应用层完成了压测数据的逻辑隔离，不需要对基础设施做太多改动。

不过，如果企业能够统一基础设施，那么全链路压测的技术实现成本将更低，数据安全性将更高。基于统一的基础设施，我们可以快速实现压测标识透传（流量染色）和压测数据的物理隔离等工作，这不仅可以增强压测流量的可识别性和可观测性，也可以解决数据安全性方面的问题。

因此，如果你所在企业的基础设施不统一，那么在选择和制定全链路压测的技术方案时，可以同时评估统一基础设施的成本和代价，从而做出最恰当的选择。此外，即使暂时不具备统一基础设施的条件，在建设全链路压测时，我们也可以在局部先做一些统一的准备工作，待条件成熟后进行完善，并将全链路压测的技术方案升级至更优。

8.1.2 完全依赖开源工具能够实现全链路压测吗？

当然可以，虽然全链路压测的技术实现难度较高，但它是有“套路”可循的，尤其针对一些已经被广泛采用的技术（如压测标识透传、压测数据隔离、探针埋入等），业界已经有了不止一套开源实现方案（如 Takin）。另外对于企业的定制化需求，我们往往也可以基于开源工具做二次开发来满足，除非这一定制化需求非常特殊。

8.1.3 金融公司是否难以进行全链路压测？

从某种程度上讲，是的。我们在 7.3 节中提到过，金融公司的生产环境通常是被强管控的，这就导致了全链路压测缺乏实施的基础。

不过，我们可以通过对全链路压测的通用方案做一些改动，对部分环节做一些妥协，使其在适配金融公司管控要求的前提下，最大化发挥出全链路压测的作用。例如在线下搭建一个与生产环境对等的全链路压测环境（适合简单的小规模技术体系）、在预发环境中进行压测（风险可控，能够识别出明显的容量问题，但无法精确评估服务容量）、建立线上测试数据沙箱（能够保证数据安全，但实现成本较高）等。

在互联网技术快速发展的当下，金融公司对容量保障的需求有增无减，我们应该向前看，找到一条适合金融公司实施全链路压测的路线，而不是置容量风险于不顾。

8.1.4 业务迭代速度较快，如何降低全链路压测模型的更新成本？

针对这个问题，我们可以从两个方向着手。

第一，从技术方向着手，先把当前自动分析服务的调用链路和各服务的调用量与前一次分析结果进行比较，进而识别出压测模型的变化部分（如链路变化、调用量变化等），再实现压测模型的迭代更新。这一过程类似于2.3.2节介绍的链路聚合技术，即使做不到自动更新压测模型，这项技术也能帮助我们快速识别出链路的变化之处。

第二，从管理方向着手，将压测模型的更新工作化整为零，由不同领域的业务技术团队负责。同时，我们可以制定一些通用的实践指南供这些团队参考，并设置周期性的会议跟踪进展，以确保压测模型更新的及时性。由于业务技术团队是服务变更的触发方，因此他们对于压测模型是否需要更新的判断应当是最及时的，能够更高效地完成压测模型的更新工作。

8.1.5 业务技术团队认为通过限流足以规避容量风险，不需要进行服务优化，是这样吗？

并不是，以限流为代表的容量治理手段与服务优化是“既要又要”的关系，两者并不冲突。如果一定要区分优先级的话，笔者认为服务优化更重要，因为这是保障服务容量充足的基石，我们希望服务自身就有能力支撑预期的流量；而限流会拒绝一部分流量，因此它是有损的，它更多是为了预防由于突发事件导致流量峰值超过了系统能够承载的极限，或是受成本制约而不得已为之的手段。如果将限流作为最前线的容量保障武器，就有些本末倒置了。

8.1.6 如何做到全链路压测的常态化实施？

全链路压测的常态化实施是一个囊括技术和管理的综合性问题，我们要明确以下几个核心问题：

- 企业的业务形态是否会带来常态化的容量风险；
- 是否有一支组织结构完善的团队负责全链路压测的各项工作；

- 是否能够及时更新压测模型和压测数据；
- 是否能够及时跟进并解决压测发现的容量隐患；
- 是否有健全的流程管理机制。

如果以上问题的回答都是“Yes”，那么我们就具备了常态化实施全链路压测的能力。

8.2 管理篇

8.2.1 我所在的公司没有任何容量保障基础，如何推动全链路压测的建设？

企业缺乏容量保障基础，包括技术基础设施薄弱、人员专业度不足等问题，这些问题的确会给全链路压测的推动带来影响。这就好比要求一位基础较差的学生去越级学习更高阶的知识，其难度非常大。不过，我们有一些方法能够给这位“差生”补课，使他逐渐进步，补齐短板。

首先，笔者建议企业可以先尝试进行局部业务域的单链路压测，这是因为单链路压测的范围和风险相对可控，同时单链路压测的实施也需要进行一定的技术改造工作，这与全链路压测的技术改造工作是共通的，一旦这些改造工作在局部业务域发展成熟，就可以复用到其他业务域，达到举一反三的效果。虽然这一过程可能会持续数月甚至一年，但这是可持续的方式，能够真正锻炼出一支具有战斗力的团队。

其次，文化建设也是推动全链路压测必不可少的一环，文化不是附属品，而是必需品。然而，文化也是最难以补齐的短板，尤其是当企业中的大部分员工都没有从事过全链路压测之类的容量保障工作时，他们是很难真正重视这个工作的，这个工作也就难以成为企业文化的一部分。为此，需要我们通过大量的宣传、培训、演练，甚至是惩罚等手段来引导团队逐渐认识并理解全链路压测的重要性。

最后，如果企业对全链路压测的诉求非常强烈，以至于需要在极短的时间内产生效果，那么可以考虑直接购买商业化解决方案，这是最快的方法。待时间充裕后，再评估是否需要自主建设全链路压测。

8.2.2 全链路压测适合自上而下推动，还是自下而上推动？

全链路压测通常是自上而下推动的，这有两个原因。一是，全链路压测一般是公司业务规模增长到一定程度，服务容量风险逐渐失控而诞生的产物，它是由痛点驱动的，而且最痛的就是公司的高层，因为高层是最不希望公司业务受到影响的；二是，全链路压测的相关工作涉及面广，涉及的利益面复杂，自下而上的推动很容易撞到“南墙”。

在笔者的极客时间专栏中，有读者感慨：“学完课程有个感触，一个公司想实现全链路压测真的太难了，需要协调的资源太多太多，如果领导没有眼界看到未来，那么这件事情也就到尽头了。”对于这个感慨，笔者完全能够感同身受，虽然行业内一定有自下而上成功推动全链路压测工作的例子，但从普适的角度来看，我们需要对全链路压测的各项方案和成本进行充分的调研和评估，并与公司的高级管理层（如CTO）说明需要投入的资源和实现周期。在得到管理层的真正支持后，才能实际开展工作，才能开展得更精细。

8.2.3 制定和推动全链路压测流程规范时阻力重重，该怎么办？

对于这个问题，我们需要正本清源，寻找阻力重重的根因在哪里，是流程规范脱离实际，还是相关团队保守固执，抑或是缺乏沟通交流，并采取不同的应对策略。

进一步说，推动一项新的流程规范落地，势必会推翻或修改原有流程规范，这很容易让制定原流程规范的团队有受挫感。如果我们强行推广新流程规范，这并不是一个好方法，正确的做法是充分展示新流程规范的优势和可取之处，在小范围内推广（在此期间，持续与原流程规范进行比较），并与目标团队保持紧密联系，及时提供支持，这样才能让目标团队真正接受新的流程规范。

为了让读者了解具体的做法，我们将上述思路的细节，按时间线汇总如下：

- 对所有团队的现有流程规范进行调研，尽可能多地了解现有流程规范细节和痛点；
- 充分展示原流程规范的不足之处，以及新流程规范的改进之处；
- 对新流程规范的优势和改进点进行详细介绍，同时对需要投入的适配成本（若有）也一并说明，介绍的对象为目标团队有决策权的技术人员或管理人员；
- 选择合适的目标团队进行小范围试点，记录问题并定期回顾，同时将这些问题的共性整理后发布给所有目标团队；
- 试点取得成果后，感谢试点团队，并在更大范围内推广；
- 建立多种信息交流渠道（如群聊、电子邮件、Office Hours 等），获取反馈后及时答复，并不断优化流程规范。

8.2.4 业务技术团队不认可全链路压测的结果，该怎么办？

在团队合作顺畅的情况下，这个问题本质上是全链路压测的置信度问题，也就是说，我们如何证明全链路压测的结果是准确的？

最好的方式是用事实说话。举个例子，笔者在一家行业头部电商企业工作时，企业实行了异地多活的容灾策略，基于这一策略，我们可以将一部分流量（或所有流量）由一个机房切换至另一个机房，以验证服务容量表现是否与全链路压测的结论一致。当然，要做到这一点，我们需要具备多活的能力，因此这种方式的通用性并不强。

最差的方式是"事故驱动"（disaster driven），即在生产环境中实际发生容量问题或出现隐患时，判断其是否已经被全链路压测所发现。很显然，这种做法虽然可以在一定程度上证明全链路压测的准确性，但过于被动，实属下策。

在绝大多数情况下，企业是不具备无损评估全链路压测准确性的手段的，否则也就不需要利用全链路压测来识别容量风险了。我们应尽可能透明地、可视化地展示全链路压测的业务模型、压测链路、压测数据和压测策略等内容，并将这些内容与生产环境的真实调用链路和数据进行对比，证明全链路压测是贴近实际场景的，以此间接说明全链路压测的准确性。

8.2.5 “大厂”的全链路压测经验，能够复制到中小型企业吗？

当然可以，事实上本书的绝大多数内容都来自“大厂”实践经验，同时这些内容也已经在不少中小型企业落地。但笔者想强调的是，我们可以积极借鉴同行的实践经验，同时更应该去了解这些实践背后的“上下文”（如目标团队的规模和特点、目标人员的技术水平和基础、公司的文化和价值观、管理者的风格等），再结合自己所在团队的现状去分析是否适用，或要做出什么改变，只有了解清楚这些背后的逻辑，我们才能避免“形而上学”，真正将全链路压测有效落地。

8.3 职业发展篇

8.3.1 是什么契机让你开始从事全链路压测工作的？

我的职业生涯是从外企开始的，主要负责质量保障和效能提升的相关工作。2017年年初，我加入了饿了么（后为阿里本地生活），当时恰逢异地多活项目落地，随之而来的是全链路压测工作的启动，作为当时团队中的平台开发Leader，我有幸参与了这项浩大的工程，并主导了整个全链路压测的自动化和规范化工作。在全链路压测逐渐走向正轨以后，我的工作重点转向了全链路压测的衍生实践，包括容量规划、容量预测、容量治理等工作，我的角色也转变为阿里本地生活的全局容量保障负责人，负责整个公司的容量保障工作。

全链路压测是我倾注了大量心血的领域，它就像我的孩子一样，不断成长，不断进步，我也会继续坚守这一片碧海蓝天。

8.3.2 你在实施全链路压测的过程中遇到的最大困难是什么？

从我个人的经历来说，遇到的最大困难并不是全链路压测的技术改造和管理工作，而是如何将全链路压测及其周边工作建设成一个体系，形成高效和富有层次的容量保障生态圈。容量保障生态体系如图 8.1 所示。这样，我们才能将全链路压测的威力真正释放出来。

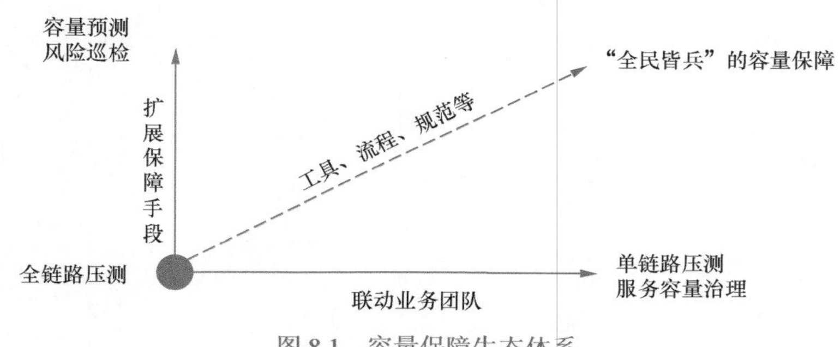

图 8.1　容量保障生态体系

要做到这一点是很不容易的，我们需要在工具、流程和规范等多个方面加强建设和宣导，让所有团队（或至少是绝大多数团队）认可全链路压测的价值，并且愿意配合和共同推动全链路压测的落地实施工作，同时做好单链路压测和服务容量治理等周边工作。无论对于我个人还是我的团队，这都是对技术能力、沟通能力、组织协调能力等全方位的考验。

8.3.3 从事全链路压测工作，能为我的职业发展带来什么帮助？

全链路压测看似是一个方向很窄的工作，但它实际上是一个涵盖众多领域知识的综合性工作，需要技术人员具备多项能力。如果你经历过全链路压测从 0 到 1 的建设过程，相信会给你的职业生涯带来巨大的帮助。一名优秀的全链路压测人员，可以很轻松地转型为架构师、性能测试专家、性能优化专家、SRE、项目管理者、团队管理者等角色。

下面，我整理了一份全链路压测能力图谱，如图 8.2 所示，供读者参阅。

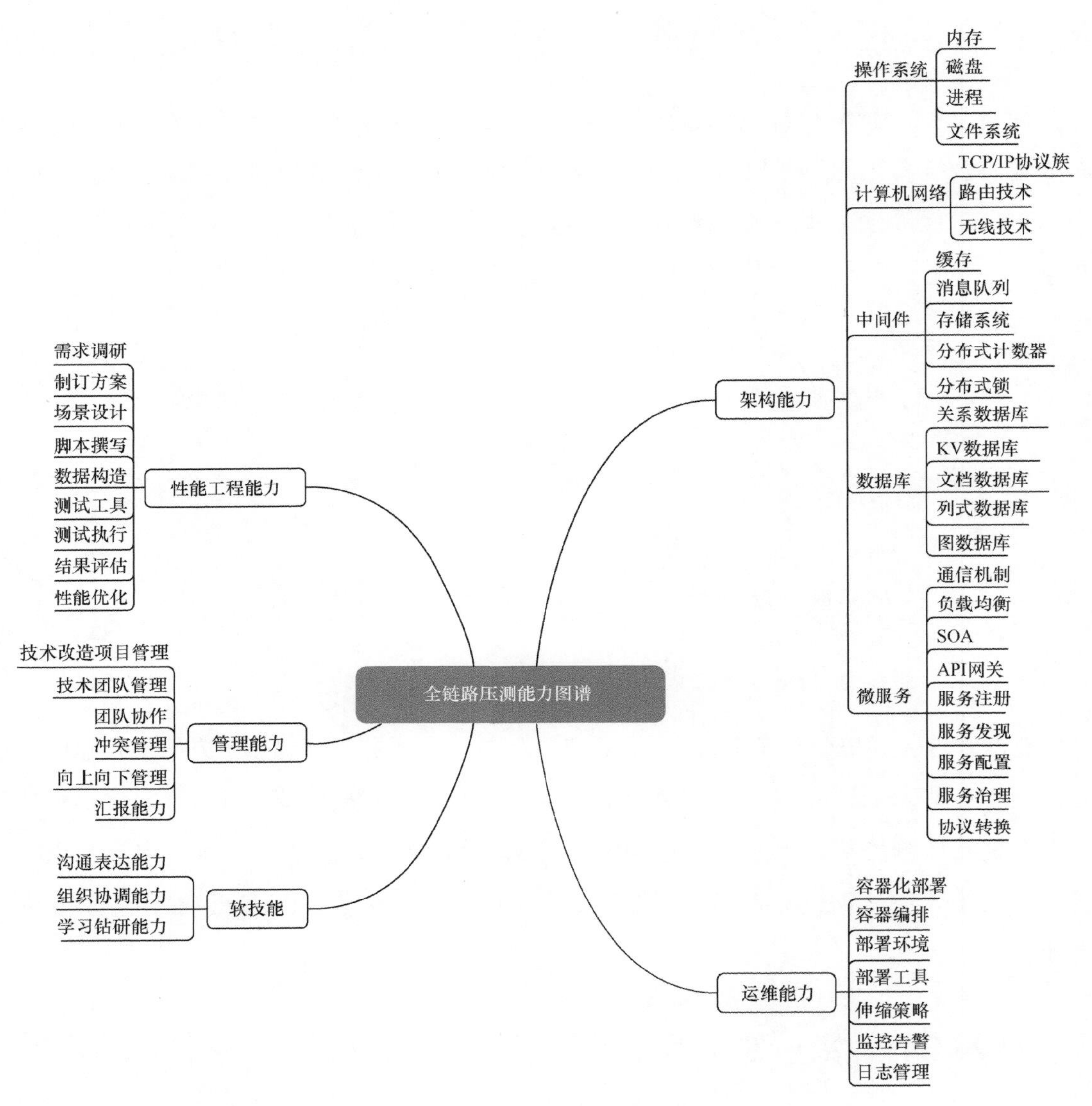

图 8.2　全链路压测能力图谱

从某个层面讲，由于全链路压测对技术人员的综合素养要求高，技术人员往往需要一段较长的成长期。在这段成长期中，无论在技术上还是管理上，技术人员一定会遇到一些瓶颈，此时千万不要急功近利试图寻找某一条捷径，而是应当耐心解决遇到的问题，并沉淀出属于自己的方法论。此外，技术人员还要保持学习，尤其是向同行学习，多多思考，以开放的心态推动全链路压测工作。无论你未来是否继续从事全链路压测工作，这都对你的职业发展大有裨益。

8.3.4 执行全链路压测非常辛苦，经常要熬夜，对此你有什么建议吗？

这个问题恐怕是全链路压测实施人员共同的苦衷吧！由于全链路压测通常在生产环境中执行，因此需要尽可能避开业务高峰期，于是夜间就经常成为全链路压测实施人员的“佳节”。笔者在某一年的“双 11”活动保障期间，连续两周每周各要熬夜 3 天执行全链路压测，非常辛苦。

解决这个问题有两个建议。第一，通过技术手段尽可能缩短全链路压测的执行时长，或将一部分压测工作转移至白天进行，以减轻人员的工作负担。某“大厂”曾尝试过“白 + 黑”的压测思路，即在白天的流量低峰期，将某一个机房单元的数据同步断开，形成一个孤立的压测单元以执行小规模的全链路压测，压测完毕后再恢复数据同步，这样既可以先验证一些明显的容量问题，也容易控制风险。

第二，通过管理手段，倡导团队成员“一专多能”，这样能够有效提升团队的“弹性”，在面对类似“双 11”等需要高密度实施全链路压测的活动时，团队成员能够轮转起来，在保证团队高强度工作的同时，团队成员个体的压力能够得到有效释放。

8.4 本章小结

本章，我们从技术、管理和职业发展 3 个方面，以问答形式阐述了多个精华问题。这些问答不仅给出了非常具体的实践指导，也总结了一些思考问题的方式。授人以鱼不如授人以渔，希望本章的内容能够为读者带来更多的思考与感悟。

- 如果你所在企业的基础设施不统一，那么在选择和制定全链路压测的技术方案时，可以同时评估统一基础设施的成本和代价，做出最恰当的选择。

- 在互联网理念盛行的当下，金融公司对容量保障的需求有增无减，我们应该向前看，找到一条适合金融公司实施全链路压测的路线，而不是置容量风险于不顾。
- 以限流为代表的容量治理手段与服务优化是“既要又要”的关系，两者并不冲突。
- 文化建设也是推动全链路压测所必不可少的一部分，文化不是附属品，而是必需品。
- 将全链路压测及其周边工作建设成一个体系，形成高效和富有层次的容量保障生态圈，才能将全链路压测的威力真正释放出来。
- 我们可以积极借鉴同行的实践经验，同时更应该去了解这些实践背后的“上下文”，再结合自己所在团队的现状去分析是否适用，或要做出什么改变，只有了解清楚这些背后的逻辑，我们才能真正将全链路压测有效落地。
- 全链路压测看似是一个方向很窄的工作，但它实际上是一个涵盖非常多领域知识的综合性工作，需要技术人员具备多项能力。